ÉLÉMENTS DE STATIQUE,

PAR L. POINSOT,

MEMBRE DE L'INSTITUT ET DU BUREAU DES LONGITUDES.

OUVRAGE ADOPTÉ POUR L'INSTRUCTION PUBLIQUE.

ONZIÈME ÉDITION,

PRÉCÉDÉE

D'UNE NOTICE SUR L. POINSOT,

PAR M. J. BERTRAND,

MEMBRE DE L'INSTITUT.

PARIS,

GAUTHIER-VILLARS, IMPRIMEUR-LIBRAIRE

DU BUREAU DES LONGITUDES, DE L'ÉCOLE POLYTECHNIQUE,

SUCCESSEUR DE MALLET-BACHELIER,

Quai des Augustins, 55.

1873

ÉLÉMENTS

DE STATIQUE.

Paris. — Imprimerie de GAUTHIER-VILLARS, quai des Augustins, 55.

ÉLÉMENTS

DE STATIQUE,

PAR L. POINSOT,

MEMBRE DE L'INSTITUT ET DU BUREAU DES LONGITUDES.

OUVRAGE ADOPTÉ POUR L'INSTRUCTION PUBLIQUE.

ONZIÈME ÉDITION,

PRÉCÉDÉE

D'UNE NOTICE SUR L. POINSOT,

PAR M. J. BERTRAND,

MEMBRE DE L'INSTITUT.

PARIS,

GAUTHIER-VILLARS, IMPRIMEUR-LIBRAIRE

DU BUREAU DES LONGITUDES, DE L'ÉCOLE POLYTECHNIQUE,

SUCCESSEUR DE MALLET-BACHELIER,

Quai des Augustins, 55.

1873

TABLE DES MATIÈRES.

FIN DE LA TABLE DES MATIÈRES.

NOTICE

SUR

LOUIS POINSOT (*).

En publiant, après les OEuvres de Laplace, celles de Lagrange, de Lavoisier et de Fresnel, le Gouvernement français nous a permis d'espérer la collection complète des travaux dus aux savants illustres de notre pays. La série est loin d'être épuisée. Ampère et Cauchy devraient, aujourd'hui, y figurer au premier rang; mais après eux, et quoi qu'en puissent penser quelques esprits trop exclusifs, je n'hésiterais pas à proposer le nom de Poinsot, en promettant à ses OEuvres une influence excellente et durable.

Nous n'aurons pas heureusement à attendre les inévitables lenteurs d'une publication administrative; un éditeur intelligent, M. Gauthier-Villars, en préparant la onzième édition des *Éléments de Statique* de Poinsot, nous annonce l'intention de réunir, dans un second volume, les OEuvres mathématiques

(*) Cette Notice, dans laquelle M. J. Bertrand rend un hommage si élevé à la mémoire de l'illustre auteur des *Éléments de Statique*, a paru d'abord dans le *Journal des Savants* (n° de juillet 1872); mais elle est venue prendre naturellement place en tête de cet Ouvrage. G.-V.

de l'éminent auteur (*). Aucun géomètre, aucun savant, aucun écrivain peut-être n'a écarté avec autant de soin de ses écrits les développements inutiles et les OEuvres complètes de Poinsot ne sauraient être distinguées de ses OEuvres choisies. La révision sévère qui supprime tout ce qui est imparfait a été faite, à toute époque de sa carrière, par le plus fin, le plus judicieux et le plus attentif des critiques, je veux dire par Poinsot lui-même. Chaque phrase, dans ses Mémoires, était travaillée avec le même soin, chaque mot pesé avec le même scrupule, chaque tour adopté après une comparaison aussi minutieuse que s'il se fût agi de graver une inscription sur la pierre. Celui qui écrit ces pages a eu l'honneur, plusieurs fois, d'assister à la dernière correction d'un Mémoire de Poinsot, en lui donnant lecture, à haute voix, de la feuille sur laquelle, après dix ou douze voyages chez l'imprimeur, on avait encore à supprimer quelques mots, à ajouter quelques virgules. Sans demander qu'on approuvât tout, Poinsot répondait brièvement aux objections que, bien souvent, il avait prévues, et, si on lui proposait de remplacer un mot par un autre, préférable en apparence, presque toujours la substitution, examinée déjà, avait été rejetée par de bonnes raisons. Il acceptait pourtant quelques changements, mais jamais à l'improviste. Quand le mot ou la rédaction proposés lui en paraissaient dignes, il les écrivait en marge pour les relire le lendemain et les comparer à loisir au texte primitif.

J'ai conservé longtemps, et j'aurais voulu conserver toujours, les épreuves d'un Mémoire sur la précession des équinoxes, dont il m'avait confié la première correction; chaque page portait les traces de ces minutieux examens, dont l'admiration et le respect m'ont plus d'une fois fait oublier l'interminable longueur.

(*) L'édition précédente des *Éléments de Statique* se terminait par quatre Mémoires ayant pour titre : *Composition des moments et des aires dans la Mécanique; Théorie et détermination de l'équation du système solaire; Théorie générale de l'équilibre et du mouvement des systèmes; Théorie nouvelle de la rotation des corps.* Ces quatre Mémoires se trouveront dorénavant dans le volume, en cours de préparation, qui contiendra les OEuvres mathématiques complètes de Poinsot. G.-V.

Poinsot, pour la langue mathématique, était un véritable dilettante; un mot incorrect, l'enchaînement illogique de deux idées, faisaient éprouver à son esprit la même souffrance qu'un accord faux à une oreille musicale; il pardonnait les lapsus et les signalait avec bonne humeur, mais, si l'auteur, dûment averti, voulait nier sa faute, ou y paraissait indifférent, il était condamné sans retour. Où la correction du langage est inconnue, il ne faut pas, disait-il, introduire la Géométrie. Ayant un jour à examiner, comme membre du Conseil royal de l'Instruction publique, un Traité nouveau de Géométrie, il aperçut, en l'ouvrant au hasard, une proposition relative aux *côtés latéraux* d'un trapèze ; le Livre était jugé sur ce malencontreux pléonasme ; l'auteur voulut s'excuser ou se défendre, tout fut dit. Les écrits signés du même nom purent parvenir encore jusque sur la table de Poinsot, mais aucun ne fut ouvert; dès qu'il apercevait la signature : « Otez, disait-il, ôtez, c'est l'homme aux côtés latéraux ; nous ne pourrions pas nous entendre. »

Poinsot n'était pas érudit; les Mathématiques lui doivent d'admirables travaux, mais toutes leurs branches, il s'en faut de beaucoup, n'ont pas attiré son attention. Par un singulier hasard, une exception, dont on ne citerait pas un second exemple, devait, dès le début de sa carrière, le dispenser d'une partie des études imposées à ses concurrents. Poinsot aimait à raconter qu'en 1794, élève de rhétorique au collége Louis-le-Grand, il aperçut, par hasard, le décret d'organisation de l'École Polytechnique et l'annonce d'un prochain concours. Le programme d'admission, quoique peu étendu, dépassait de beaucoup le cercle de ses études. Poinsot n'avait reçu, jusque-là, que quelques leçons d'Arithmétique. Il se procure un Bezout, et, après l'avoir parcouru, se sent la force et le courage d'affronter, sans autre secours, toutes les parties de l'examen; cependant le proviseur, M. Champagne, refuse formellement à un élève de rhétorique l'autorisation de se faire interroger sur les Mathématiques : « Tu compromettrais le collége, » lui dit-il. « Interrogez-moi, répondit Poinsot, vous verrez que je suis préparé, » et il insistait d'autant plus qu'il craignait moins de se voir pris au mot. « C'est bon, c'est bon, répondit en effet M. Champagne, fais ce que tu voudras, *mais tu compromettras le collége.* » Poinsot se présente donc et est examiné par un petit homme qu'il n'a jamais revu et dont il regrettait d'avoir oublié le nom. On l'interroge sur l'Arithmétique et sur la Géométrie; grâce à son Bezout, il ne craignait rien sur ce terrain, mais on passe à l'Algèbre : Poinsot se tait un instant, puis, au lieu de répondre : « Monsieur, dit-il, je ne sais pas l'Algèbre, mais je vous promets de la savoir avant l'ouverture de l'École aussi bien que la Géométrie, que j'ai étudiée seul. » Le petit homme hésite, lui adresse, pour toute réponse, deux questions nouvelles de Géométrie, et le renvoie sans exprimer d'opinion.

Un mois après, Poinsot, dans sa petite chambre, étudiait l'Algèbre de Bezout, quand un grand bruit s'élève dans le corridor; ses camarades se pressaient à sa porte en agitant un numéro du *Moniteur :* Poinsot était reçu à l'École Polytechnique, et il a conservé toute sa vie de la reconnaissance pour le petit homme qui avait eu confiance dans sa promesse.

L'opposition de M. Champagne et les questions sur l'Algèbre n'étaient pas les seuls obstacles heureusement surmontés par Poinsot. Une épreuve plus difficile avait précédé l'examen de Mathématiques. Le proviseur, en attestant sa bonne conduite au lycée, avait dû certifier, en outre, son amour pour la liberté et pour l'égalité, et sa haine contre les tyrans. Sans se contenter d'une déclaration uniformément accordée à tous les candidats, il fut décidé qu'un *examen au moral* serait fait préalablement à tout autre, et, parmi quarante et un candidats, un citoyen recommandable par ses vertus, chargé de prononcer sur leur civisme, ne trouva pas un seul admissible.

« La manifestation de patriotisme, disait ce rigide examinateur, a été, en général, nulle; à l'exception du très-petit nombre, ils sont ignorants et indifférents. » Indifférents ! tandis que les enfants mêmes balbutient déjà les principes et les hymnes de la liberté ! « C'est en vain que j'ai tâché, par des questions brusques et imprévues, et même captieuses, de suppléer à l'insignifiance des actes qu'ils ont produits; presque tous m'ont prouvé, par leur ignorance, qu'ils avaient toujours été indifférents au bonheur de leurs semblables, au leur propre, et même aux événements. Je n'ai vu, en les considérant en masse, qu'une fraction de génération sans caractère, sans élan patriotique. »

Ce ridicule et vertueux citoyen avait heureusement dépassé le but; ne pouvant refuser tous les candidats, on leur fit jurer haine aux tyrans, et ils furent admis à concourir.

Poinsot ne fut pas tout d'abord, on devait s'y attendre, un très-brillant élève de la nouvelle École, et son nom ne figure pas à côté de ceux de Malus, de Francœur et de Biot, parmi les chefs de salle, nommés répétiteurs de leurs jeunes condisciples. Biot était chef de la salle de Poinsot; les deux futurs confrères avaient, dès cette époque, peu de conformité dans l'esprit. Plus âgé que ses camarades et plus instruit qu'eux, Biot accomplissait sa tâche avec supériorité. On le considérait comme un maître; Poinsot, seul, lui tenait tête, lui refusait une aveugle confiance, et finissait souvent par lui dire : « Tu es trop savant pour moi; la question est simple, traite-la simplement, ou je réserve mon opinion. »

Dans ces discussions, Biot, toujours entouré de Livres et s'appuyant sur eux, avait de grands avantages; l'esprit droit et attentif de Poinsot apercevait parfois, cependant, des vérités imprévues, et, ces jours-là, il devenait un adversaire fort incommode. Il aimait à raconter les détails d'une de ces luttes qui, disait-il, après cinquante ans, n'étaient ni oubliés ni pardonnés. En étudiant une surface réglée, on fut conduit à se demander si deux génératrices voisines se rencontrent. « Il n'en faut pas douter, dit Biot; sur une même surface, comme sur un même plan, deux lignes se coupent toujours; le contraire est un cas exceptionnel dans lequel même la rencontre subsiste et devient imaginaire. » Et il alléguait des raisonnements auxquels Poinsot, malgré sa promesse consciencieusement tenue d'apprendre l'Algèbre, ne comprenait absolument rien. Assuré, par une preuve simple et certaine, que les génératrices n'avaient pas de points communs, il se souciait fort peu des intersections imaginaires. Biot, cependant, sort de la salle; on reçoit, en son absence, la visite de M. Monge; la question lui est posée, et Monge explique la distinction des surfaces gauches et des surfaces développables, montre le caractère des unes et des autres, et fait voir que la surface en question appartient à la classe des surfaces gauches, dans lesquelles les génératrices ne se coupent jamais. Biot revient peu de temps après, et Poinsot reprend la discussion; Biot maintient son dire avec chaleur; on l'écoute en souriant, et c'est seulement lorsque, en se levant pour donner plus de solennité à sa déclaration, il a répété que les génératrices se coupent toujours et qu'il n'y a pas d'exception, que Poinsot, en prenant ses camarades à témoin, raconte la visite récente de Monge et sa déclaration formelle, dont personne n'aurait osé appeler.

Poinsot, en sortant de l'École Polytechnique, fut admis à celle des Ponts et Chaussées; il y resta trois ans, mais ses études techniques étaient négligées pour les Mathématiques; il y renonça et devint professeur dans un lycée de Paris.

Les premiers efforts de Poinsot se tournèrent vers la résolution des équations algébriques; sur cette matière fort étendue et pleine de questions épineuses, il avait rencontré quelques vérités importantes; une surtout le charmait, il l'appelait son idée du Pont-Neuf; c'était sur le Pont-Neuf, en effet, qu'elle avait tout à coup dissipé dans son esprit des difficultés depuis longtemps importunes. Il en espérait les plus brillantes conséquences, mais il était prudent, et, quoique peu curieux des travaux d'autrui, il voulut y chercher si son idée était nouvelle; Vandermonde l'avait eue avant lui, et Lagrange, Poinsot l'a su plus tard, l'avait eue avant Vandermonde. Le désappointement fut très-grand, mais Poinsot n'en fit part à personne, et son premier travail resta dans les cartons.

L'idée du Pont-Neuf appliquée à l'équation du quatrième degré, à l'occasion de laquelle elle s'était présentée, faisait voir sans aucun calcul que l'équation du vingt-quatrième degré, à laquelle on est conduit quand on veut chercher une fonction de quatre racines d'une équation du quatrième, peut se résoudre actuellement à l'aide de deux équations du huitième et du troisième degré, et que celle du huitième doit se réduire elle-même à trois du second; le succès des méthodes proposées jusqu'ici tient donc essentiellement à la nature du nombre quatre, qui permet de grouper d'une certaine manière les vingt-quatre valeurs d'une fonction quelconque, ou, ce qui revient au même, les vingt-quatre permutations de quatre lettres, et non point au choix qu'on fait de certaines fonctions particulières des racines, qui offrent moins de valeurs différentes qu'il n'y a de permutations; il n'en est pas de même dans l'équation du troisième degré, où l'on a toujours à résoudre une équation du troisième degré pour obtenir les combinaisons relatives à trois permutations inséparables, mais par la dépendance semblable de ces trois permutations, qui font qu'elles se reproduisent également les unes par les autres, comme les racines cubiques de l'unité; cette équation n'a que la difficulté de l'équation binôme du troisième degré. Dans le cas de cinq lettres, Poinsot avait aperçu que la résolvante du cent vingtième degré, où l'on est conduit pour la recherche d'une fonction quelconque des racines, n'a que la difficulté d'une équation particulière du sixième; mais celle-ci a résisté à tous les efforts des géomètres. Poinsot avait trouvé, il est vrai, une manière très-simple de la réduire au cinquième degré; mais cette réduction même paraît inutile et le problème se replie en quelque sorte sur lui-même, sans qu'on puisse voir s'il y aurait quelque avantage à cette transformation.

Les fortes réflexions de Poinsot ne furent pas perdues cependant. Grâce à son idée du Pont-Neuf, la seconde édition du *Traité de la résolution des équations numériques*, publié par Lagrange en 1808, le trouva mieux préparé que personne à en sonder toutes les profondeurs; le compte rendu qu'il en donna dans le *Magasin encyclopédique* éclairait le texte du beau Livre, et, sur plus d'un point même, pénétrait au delà. Lagrange en fut vivement frappé; il avait montré plus clairement que Gauss les véritables principes de la belle théorie de l'équation binôme, et découvert le secret de sa profonde analyse. Poinsot, les mettant dans un plus grand jour encore, sans sortir en apparence du cas particulier, donne ouverture à une importante généralisation, et, sans entrer dans le détail des réductions, il en dégage avec tant d'art le principe, pèse chaque mot avec tant de prudence, que trente-cinq ans plus tard, devant l'Académie des Sciences, M. Liouville, discutant l'histoire de cette difficile et fameuse théorie, après avoir rapporté la démonstration de Poinsot tout entière, a pu ajouter, en s'inclinant avec

bonne grâce devant son illustre et vénérable confrère : « Pour
» m'épargner la rédaction, que j'aurais d'ailleurs beaucoup
» moins bien faite, je viens de copier le passage de la préface
» de M. Poinsot, publiée dès 1808 dans le *Magasin encyclo-*
» *pédique*. M. Poinsot avait spécialement en vue les équations
» binômes, mais le raisonnement est général, et, pour qui
» comprend bien cette théorie, il devait l'être; aussi c'est le
» cas de dire que la démonstration du théorème se trouvait
» *d'avance* dans l'article de M. Poinsot. »

Les *Éléments de Statique*, publiés en 1803, attirèrent pour la première fois l'attention sur le nom de Poinsot, pour le tirer immédiatement hors du pair. L'Ouvrage fut présenté à l'Académie des Sciences le 29 brumaire an XII, par Biot, qui, déjà membre de l'Institut, était l'introducteur naturel de son ancien camarade; le Livre, en effet, malgré son titre modeste, pouvait intéresser l'Académie des Sciences et instruire les plus habiles géomètres. Tout, en effet, y était nouveau ou présenté d'une manière nouvelle. Poullet de Lisle, ancien camarade de Poinsot à l'École des Ponts et Chaussées, publiait aussitôt dans le *Magasin encyclopédique* une analyse détaillée du nouvel Ouvrage; le jugement qui le termine fait honneur à sa perspicacité : « On ne tardera pas, dit-il, à le distinguer de la foule,
» peut-être aussi à le faire sortir du rang où la modestie de
» son titre le place. »

Le Mémoire *Sur la composition des moments et des aires dans la Mécanique*, présenté dans la même année à l'Académie et adjoint aux éditions suivantes de la *Statique*, faisait mieux encore ressortir les avantages de la doctrine nouvelle, en montrant avec une entière évidence ce qui, dans un système soumis aux actions réciproques de ses diverses parties, doit rester fixe et permanent quoi qu'il arrive, et la raison profonde des théorèmes algébriquement équivalents, antérieurement découverts et déjà célèbres dans la Science.

Le Mémoire intitulé *Théorie générale de l'équilibre et du mouvement des systèmes* suivit de près; l'examen en fut renvoyé à Lagrange. Tout, dans cette Œuvre nouvelle, devait intéresser l'auteur de la *Mécanique analytique*, non lui plaire; on y proposait, en effet, une route directe pour atteindre, sans

aucun *postulatum*, le but qu'il s'était proposé dans son bel Ouvrage. Quel que fût son esprit de justice, Lagrange devait aborder un tel examen avec quelque prévention; c'était dans son domaine, en quelque sorte, qu'on voulait innover et ouvrir une voie nouvelle. Le Mémoire de Poinsot s'imprimait dans le *Journal de l'École Polytechnique;* il en porta les épreuves à Lagrange qui, dans des Notes marginales renvoyées peu de temps après, éleva, pour condamner la tentative nouvelle, les objections les plus subtiles. Un jugement motivé et tombé de si haut devait sembler sans appel; Poinsot, sans se décourager, et acceptant la discussion sur le terrain étroit où elle se présentait, répondit sur les marges mêmes à côté des critiques de Lagrange; sans multiplier le discours, il y oppose phrase à phrase, rend mot pour mot en quelque sorte, sans s'écarter de la politesse due, mais sans aller au delà, et en homme qui, attentif à la vérité seule, ne prétend s'incliner que devant des arguments décisifs. La réplique fut immédiatement renvoyée, et le lendemain de bonne heure, en sortant de sa classe, Poinsot, un peu ému peut-être, se présentait chez l'auteur de la *Mécanique analytique.* La conversation fut longue, et Lagrange, il faut le croire, n'en conserva pas mauvais souvenir, car, moins d'un an après, il faisait prier Poinsot de venir le voir. « J'ai appris, lui dit-il, qu'on allait créer des in-
» specteurs généraux de l'Université, et j'ai écrit aussitôt à
» M. de Fontanes que vous deviez en être; il résistera peut-
» être, mais, s'il le faut, j'irai trouver l'empereur, qui ne me
» refusera pas. »

C'est ainsi que Poinsot devint, à l'âge de vingt-neuf ans, inspecteur général de l'Université. La discussion forte et subtile qui lui valut la protection de Lagrange suffirait pour donner un intérêt véritable à l'édition nouvelle; les critiques autographes de Lagrange et les réponses de Poinsot existent à la Bibliothèque de l'Institut; M. Gauthier-Villars ne manquera pas de les reproduire.

Heureux de la position acquise par son ancien élève, le proviseur de Louis-le-Grand y vit un succès pour son lycée. « *Je*
» *savais bien, lui dit-il, que tu nous ferais honneur.* » Poinsot, charmé lui-même de l'empressement de son ancien maître, se

souvint aussitôt qu'une exclamation bien différente avait accompagné leur dernière entrevue; il se garda bien d'en évoquer le souvenir, mais il aimait à le rappeler plus tard, en racontant les deux apostrophes de M. Champagne.

Le premier rapport de Poinsot sur l'Université montre, en même temps que son zèle, la fermeté de son esprit égale à celle de son style; attentif à juger l'œuvre nouvelle, il est peu soucieux de la louer. Après une exacte information et un sérieux examen, il veut dire toute la vérité sans ménagement pour aucun système, sans complaisance pour aucune illusion.

« On attend beaucoup de cette grande institution, osait-il » dire en parlant de l'Université, et il importe qu'elle sou- » tienne ces espérances par un esprit libéral et bien connu; » mais on lui demande bien des choses qu'elle ne peut faire » que d'une manière insensible. On est d'abord étonné que » l'état de l'enseignement soit à peu près le même qu'avant » la création de l'Université, et cependant le contraire aurait » eu droit d'étonner davantage. En effet, presque tous les pro- » fesseurs et les fonctionnaires sont encore les mêmes, l'or- » ganisation nouvelle les a bien plutôt agités que perfectionnés, » et l'instruction publique, sous ce rapport, n'a pu recevoir » d'amélioration considérable. »

Passant en revue les diverses parties de l'enseignement, il signalait la faiblesse des études mathématiques. « Une autre » remarque bien singulière, parce qu'elle porte sur un fait » qui est loin de l'opinion commune, c'est que l'enseignement » des langues anciennes est meilleur que celui des Mathéma- » tiques; mais la raison en est aussi simple que la précédente : » nous n'avons guère que d'anciens professeurs; or dans les » lettres les anciens sont encore les meilleurs, mais dans les » sciences ce sont les plus faibles. Comme l'École Polytech- » nique a jeté beaucoup d'éclat, et qu'on en a vu sortir quel- » ques élèves pour entrer dans la carrière de l'instruction » publique, on a cru que l'enseignement des Sciences exactes » n'avait jamais été porté plus haut; mais, si l'on excepte Paris » et quelques villes principales, nulle part l'enseignement » n'est au niveau des connaissances actuelles, je veux dire

» que celui des lycées et des colléges est trop faible pour y » conduire.

» L'enseignement des Sciences physiques est encore infé- » rieur à celui des Mathématiques; le petit nombre de ceux » qui entendent un peu la Science vient des anciennes Écoles » normales, qui n'ont eu, comme on sait, que quelque mois » d'existence; l'École Polytechnique n'en a pas fourni un » seul.

Les lettres et les Sciences doivent se prêter un mutuel appui; mais, pour se rencontrer, elles ne doivent ni quitter leur route, ni sortir de leurs limites. « Si l'enseignement des » lettres, dit Poinsot, est en général le meilleur, il est encore » loin d'être bon, et, pour ne point négliger ici quelques dé- » tails importants, nous observerons que les professeurs ne » s'appliquent point assez dans les premières classes de gram- » maire et d'humanités à la décomposition si utile de presque » tous les mots, à la distinction continuelle de leur sens » propre et de leur sens figuré; ils négligent trop de remar- » quer ceux qui font image, d'expliquer nettement la pensée » de l'auteur, de dire à quoi il fait allusion, d'ajouter en pas- » sant l'historique nécessaire qui éclaircirait le texte sous » le rapport des choses, des temps et des personnes; on » peut remarquer d'ailleurs que les Livres recommandés pour » chaque classe sont beaucoup trop multipliés : le maître qui » dans l'année a expliqué le plus d'auteurs croit être celui qui » a le mieux travaillé; tandis qu'une seule page bien étudiée, » bien éclaircie jusque dans les plus petits détails, instruit » mieux qu'un volume de cette explication vulgaire, où l'on » se contente de tourner en français ce qui est en grec ou en » latin. Plus on réfléchit sur l'objet des premières études, » plus on se rend compte à soi-même de la manière dont on » a pu s'instruire, et plus on sent que la meilleure et la seule » bonne étude est celle où l'esprit s'exerce sur une matière » de peu d'étendue, mais qui sert comme de fond à une foule » d'idées qu'un professeur habile doit y montrer, et qu'un » bon élève ne manque pas de retenir et de s'approprier. » D'ailleurs le nombre des tours et des formes du langage » n'est pas si grand qu'on pourrait le croire. Celui des idées

» mères est assez borné; après quelques lectures profondes, » on ne voit plus que des nuances, et voilà comment un seul » Livre bien étudié vous donne le secret de tous les autres. » *Timeo hominem unius libri.*

Poinsot n'omet pas les études philosophiques; elles n'étaient pas brillantes en 1803. « Quant à cette dernière étude, qu'on » vient d'introduire dans les lycées, il faut convenir qu'elle » est vague et sans objet précis dans l'état actuel de la société; » aussi la plupart des professeurs ne savent-ils pas trop bien » sur quoi doivent rouler leurs leçons. Ceux qui renouvellent » tout uniment l'ancienne philosophie font véritablement » peine à entendre; ce cours n'est plus supportable; malheu- » reusement ce n'est point une année perdue, c'est une année » nuisible à leurs études précédentes et à celles qui doivent » suivre. »

L'esprit mathématique était pour Poinsot l'appui le plus puissant de la raison humaine. Comment, malgré la longueur de ces citations, refuser place au passage dans lequel, cette conviction conduisant sa plume en quelque sorte sans qu'il puisse la retenir, on voit Poinsot s'épancher et se révéler tout entier, et aujourd'hui encore nous donner d'utiles leçons.

« Par les dispositions du règlement général, il paraîtrait, » dit-il, qu'on a regardé l'étude des Mathématiques comme » *accessoire*, tandis que tout autour de nous exige qu'elle soit » considérée comme fondamentale aussi bien que l'étude des » langues anciennes; la Géométrie est la base de toutes les » Sciences, comme la grammaire et les humanités la base de » toute littérature. Cela est reconnu de tout le monde; mais » ce qui n'est pas moins démontré pour nous, c'est que les » deux études s'éclairent encore et se fortifient mutuelle- » ment. Ceux qui ne voient dans les Mathématiques que leur » utilité d'application ordinaire en ont une idée bien impar- » faite; ce serait en vérité acquérir bien peu de chose à » grands frais; car, excepté les savants et quelques artistes, » je ne vois guère personne qui ait besoin de la Géométrie ou » de l'Algèbre une fois dans sa vie. Ce ne sont donc ni les » théories, ni les procédés, ni les calculs en eux-mêmes qui » sont véritablement utiles, c'est leur admirable enchaîne-

» ment, c'est l'exercice qu'ils donnent à l'esprit, c'est la » bonne et fine logique qu'ils y introduisent pour toujours. » Les Mathématiques jouissent de ce privilége inappréciable, » et sans lequel il serait le plus souvent superflu de les étu- » dier, c'est qu'il n'est pas nécessaire de les savoir actuelle- » ment pour en ressentir les avantages, mais qu'il suffit de les » avoir bien sues. Toutes les opérations, toutes les théories » qu'elles nous enseignent peuvent sortir de la mémoire, mais » la justesse et la force qu'elles impriment à nos raisonne- » ments restent; l'esprit des Mathématiques demeure comme » un flambeau qui nous guide au milieu de nos lectures et » de nos recherches. C'est lui qui, dissipant la foule oiseuse » des idées étrangères, nous découvre si promptement l'erreur » et la vérité; c'est par là que les esprits attentifs dans les » discussions les plus irrégulières reviennent sans cesse à » l'objet principal qu'ils ne perdent jamais de vue; c'est ainsi » qu'ils abrégent et le temps et l'ennui, recueillent sans peine » le fruit précieux des bons Ouvrages et traversent ces vains » et nombreux volumes où se perdent les esprits vulgaires. » Si les Mathématiques ont trouvé beaucoup de détracteurs, » c'est que leur lumière importune détruit tous les vains sys- » tèmes où se complaisent les esprits faux; c'est que, si les » Mathématiques cessaient d'être la vérité même, une foule » d'Ouvrages ridicules deviendraient très-sérieux, plusieurs » même commenceraient d'être sublimes; mais il était bien » naturel que les esprits supérieurs et les meilleurs écrivains » ne parlassent des Sciences exactes qu'avec une sorte d'ad- » miration; les grands hommes, dans quelque genre que ce » soit, ne ravalent jamais les grandes choses, ils tâchent de » s'y élever. »

La situation nouvelle de Poinsot favorisa ses travaux; peu soucieux d'étudier les Livres, il aimait à suivre ses propres idées. Un excellent Mémoire *Sur les polygones et les polyèdres* fut le fruit de ses méditations, et la découverte de quatre nouveaux polyèdres réguliers le plaça à un rang élevé dans l'estime des amis de la Géométrie pure.

Legendre, dans ses *Éléments de Géométrie*, avait démontré qu'il ne peut exister que cinq polyèdres réguliers; la découverte de Poinsot, ingénieusement liée aux points les plus importants de la théorie des équations, lui inspira une grande estime pour le jeune inventeur. L'idée des polygones et des polyèdres réguliers étoilés fut tenue pour originale et entièrement neuve par les géomètres les plus éminents; une plus exacte recherche leur aurait montré cependant son origine très-ancienne dans la Science. L'érudition de M. Chasles a éclairci ce point. Képler, avant Poinsot, avait exposé et approfondi quelques points importants de la doctrine nouvelle : « La théorie fut combattue, il est vrai, par un auteur du » XVIIe siècle, Jean Broscius, dans un ouvrage intitulé : *Apo-* » *logia pro Aristotele et Euclide contra P. Ramum et alios*, » Dantzig, 1652. Elle n'avait rien à redouter d'aucune attaque, » qui n'aurait dû servir même qu'à la propager et à en ré- » pandre la connaissance. Cependant, par un hasard singulier, » cet ouvrage de Broscius est peut-être le dernier qui ait traité » de ces polygones, qui, depuis, sont tombés entièrement » dans l'oubli, et qui n'ont même réveillé aucun souvenir au » commencement de ce siècle quand M. Poinsot les a créés » et remis sur la scène. » Telle est la conclusion du récit dans lequel M. Chasles, en 1836, restitue à Képler, dans l'invention des polygones et des polyèdres étoilés, une part considérable et très-légitimement méritée. Poinsot attachait une grande importance à une découverte justement admirée et qui lui avait coûté d'immenses efforts d'attention. Après avoir lu l'*Aperçu historique*, il alla chercher l'Ouvrage de Képler, vérifia les citations et l'exactitude des appréciations; et, quand il reçut la visite de M. Chasles, il se déclara convaincu. Jamais, depuis, il n'a laissé croire qu'une vérité désagréable, dite simplement, sans hostilité comme sans complaisance, ait altéré, même pour un instant, les sentiments d'affectueuse estime qu'après comme avant la publication de son Livre il lui a témoignés en toute circonstance.

Quand Poinsot succéda à Lagrange dans la section de Géométrie de l'Académie des Sciences, Ampère et Cauchy étaient ses concurrents. La distinction des travaux de Poinsot, non moins que la sagacité merveilleuse de son esprit, permettaient de le préférer sans injustice; on ne doit pas oublier d'ailleurs que Cauchy sortait à peine de l'École Polytechnique, et que, dans ses premiers et très-beaux Mémoires, nul ne pouvait deviner cette fécondité singulière ni apercevoir cette source de belles découvertes qui pendant cinquante ans ne devait pas tarir. Quant à Ampère, c'est dix ans plus tard qu'il devait créer l'Électrodynamique, et ses travaux mathématiques, tout en le classant parmi les géomètres habiles de son époque, ne pouvaient révéler, même aux plus perspicaces, le génie incomparable devant lequel tous, sans exception, auraient dû plus tard s'incliner.

Poinsot, en entrant à l'Académie des Sciences, réunissait depuis quatre ans déjà, aux fonctions d'inspecteur général, celle de professeur à l'École Polytechnique. Il a laissé dans l'esprit de ses auditeurs le souvenir d'un maître inimitable. Un de ses anciens élèves, excellent juge, mais fort enclin à la critique, assistait un jour à la première leçon d'un jeune professeur dont il voulut bien se montrer satisfait. En lui accordant des louanges précieuses et fort rares dans sa bouche, il commença ainsi : « Je ne dirai pas que j'aie cru entendre une » leçon de Poinsot. » L'enseignement de Poinsot, par sa perfection même, était pour lui une préoccupation et une fatigue; désireux bien souvent de se recueillir la veille d'une leçon, il fermait rigoureusement sa porte; ses méditations n'avaient nullement pour but quelque application ingénieuse, quelque généralisation nouvelle ou quelque démonstration simplifiée: les idées qu'il roulait dans sa tête lui étaient dès longtemps familières, il ne voulait rien ajouter au fond, mais, désireux d'éclairer et de fortifier l'esprit bien plus que de l'instruire, il cherchait, pour présenter la vive image des choses, le tour le plus aisé, la forme la plus saisissante et le plus rapide enchaînement. Il se retira en 1817 et fut remplacé par Cauchy; on peut difficilement imaginer un contraste plus complet. Quoique la grande majorité des élèves regrettât Poinsot, les avis furent cependant partagés. — « Poinsot ne nous enseignait rien, » disaient les admirateurs du nouveau cours. — « Cauchy les dégoûtera à jamais de la Science, » disait Poinsot lui-même, qui ne cachait guère son opinion, et tous avaient tort. Poinsot, il est vrai, disait fort peu de choses dans une leçon, mais il le disait si bien! Cauchy, s'échappant sans cesse hors des bornes, n'était compris que par quelques élèves d'élite, mais ceux-là le trouvaient admirable, et les autres regrettaient, sans accuser leur maître, de ne pouvoir le suivre aussi loin.

L'inspection générale fut enlevée à Poinsot lors de l'avénement de Charles X; une ordonnance du 22 septembre 1824 l'effaça du tableau des inspecteurs généraux. « On me fait » sortir, écrit-il dans une lettre digne et modérée, sans avertis- » sement, sans motif, sans nul égard, d'une place où le fonc- » tionnaire est naturellement regardé comme inamovible et » d'où il ne devrait être exclu que par un procès ou un juge- » ment; je suis ainsi dépouillé de mon titre et de mes droits » acquis, et blessé dans ce que j'ai de plus cher. » — « Ma » conduite et mes sentiments, disait-il avec une juste fierté » dans la même lettre adressée au duc d'Angoulême, ont tou- » jours été irréprochables, et ma vie est aussi innocente que » mes Ouvrages. »

Poinsot pouvait craindre le coup qui le frappait, sinon le prévoir. En 1820, après la mort de Delambre, il avait sollicité une place au Conseil royal, et la préférence accordée à Poisson l'avait vivement froissé; nonseulement les relations avec celui qui devenait son chef direct n'étaient pas amicales, mais leurs communes études, loin de les rapprocher, les mettaient en désaccord sur tous les points. Poinsot ne se montrait ni opposant ni dévoué au gouvernement; sans chercher à ménager la faveur de personne, il louait volontiers ce qui lui semblait bon, en évitant en homme de goût, non par esprit d'hostilité, d'exprimer bruyamment un enthousiasme qu'il n'éprouvait guère. On en exigeait davantage alors, mais Poinsot voulait ignorer l'art de s'accommoder au changement des temps et des affaires; ses rapports, toujours rédigés dans le même esprit de justice impartiale, laissaient percer l'ironie sous le bon sens. Le représentant des études philosophiques au Conseil royal de 1819 fut, sans doute, scandalisé en lisant dans le rapport de l'Académie de Besançon : « M. l'abbé Astier professe une vieille philoso- » phie de séminaire qui n'est guère au niveau des connais-

» sances actuelles. » Pourquoi chercher davantage? De tels jugements, produits à cette époque dans un rapport officiel, étaient plus redoutables que l'inimitié de Poisson. C'est à elle cependant que Poinsot attribua sa disgrâce, quoiqu'il se soit borné sans doute à refuser l'appui qu'il devait à un fonctionnaire irréprochable, à un confrère, à un géomètre éminent, à un ancien compétiteur enfin, frappé contre toute justice et qui, seize ans plus tard, devait devenir son successeur.

Les travaux de Poinsot sur la Dynamique des corps solides sont l'œuvre capitale de son âge mûr; corollaires de la théorie des couples, ils confirment les vues de sa jeunesse en en prouvant la fécondité. La *Théorie nouvelle de la rotation des corps*, la *Théorie des cônes circulaires roulants*, et la théorie de la *Précession des équinoxes* sont l'exemple le plus achevé de la manière de Poinsot et, je ne crains pas de l'affirmer, de la perfection de la forme dans une œuvre mathématique. Les travaux d'Euler et de Lagrange avaient épuisé, dans l'opinion des géomètres, le problème de la rotation d'un corps libre; la simplicité des équations ne laissait désirer aucun progrès; leur intégration était faite avec un succès complet et donnait explicitement les formules définitives sur lesquelles l'Analyse s'arrêtait satisfaite. Poinsot ne veut rien emprunter à ces formules générales que l'on vantait depuis un demi-siècle comme renfermant la science tout entière. Sans contester leur rigoureuse exactitude, il trouve leurs conséquences illusoires; il ne craint pas de le dire dans des termes vifs et saisissants. « Euler et d'Alembert, à peu près dans le même temps et par » des méthodes différentes, ont les premiers résolu cette » importante et difficile question de la Mécanique, et l'on » sait que, depuis, l'illustre Lagrange a repris de nouveau ce » fameux problème pour l'approfondir et le développer à sa » manière, je veux dire par une suite de formules et de » transformations analytiques qui présentent beaucoup d'or» dre et de symétrie; mais il faut convenir que dans toutes » ces solutions on ne voit guère que des calculs sans aucune » image nette de la rotation des corps. On peut bien, par des » calculs plus ou moins longs et compliqués, parvenir à déter» miner le lieu où se trouve le corps au bout d'un temps

» donné, mais on ne voit pas du tout comment le corps y » arrive, on le perd entièrement de vue, tandis qu'on voudrait l'observer et le suivre, pour ainsi dire, des yeux pendant tout le cour de sa rotation ; or c'est cette idée claire » du mouvement de rotation que j'ai tâché de découvrir, afin » de mettre sous les yeux ce que personne ne s'était représenté. »

Poinsot avait prévu des contradictions : « Il est bien clair, » dit-il, que rien ne serait plus aisé que de retrouver nos » idées dans les expressions analytiques d'Euler et de La» grange, et même de les en dégager avec un air de facilité » qui ferait croire que ces formules devaient les produire » spontanément. Cependant, comme ces idées ont échappé » jusqu'ici à tant de géomètres qui ont transformé ces for» mules de tant de manières, il faut convenir que cette ana» lyse ne les donnait point, puisque, pour les y voir, il aura » fallu attendre qu'un autre y parvienne par une voie fort » différente. »

Des contradicteurs très-convaincus, insensibles à la perfection de ce petit chef-d'œuvre, affectèrent de n'y voir aucun progrès solide et sérieux, et lui ont même refusé le mérite de la difficulté vaincue. Poinsot, pour toute réponse, continua ses travaux et, passant aux applications, donna d'abord, dans sa *Théorie des cônes roulants*, une image géométrique de la précession des équinoxes rigoureusement obtenue par des forces nettement définies et dégagées de toutes les perturbations qui en altèrent la pureté, et qui étaient, aux yeux de Poinsot, des accidents étrangers à l'essence du phénomène. Il aborda enfin le problème de la Mécanique céleste, et voulut conduire son étude jusqu'aux calculs numériques, sans s'écarter jamais de la simplicité qu'il aimait et de la rigueur absolue sans laquelle il n'était pas de Géométrie à ses yeux. Pour traiter mathématiquement des corps solides, il fallait tout d'abord, suivant lui, qu'on voulût bien en accepter une définition mathématique. « Ma canne, disait-il souvent, n'est » pas un corps solide; non-seulement elle peut rompre, mais » elle plie, ce qui est cent fois pis. » Deux molécules d'un corps solide sont placées par la rigidité à distance invariable l'une de l'autre; nulle force n'est capable de les écarter ou de les rapprocher; nulle influence ne peut les faire vibrer. Les corps élastiques ou ductiles ne sont pas des solides; leur définition grossière ne peut s'exprimer par des équations; elle est incompatible avec la pureté géométrique. Le vrai géomètre doit s'établir solidement sur un terrain inébranlable et ne pas heurter ses instruments délicats à une réalité confuse et mal définie qui se dérobe et se dissipe quand on veut le serrer de près.

Telle est la voie absolument exclusive dont Poinsot n'a jamais voulu sortir; lui seul peut-être pouvait dire aux savants les plus illustres de son époque : « Je vous ignore », et marcher auprès d'eux en restant leur égal. Il a vu naître les plus grandes découvertes du siècle et les a tenues dans l'indifférence; ni la théorie des ondes lumineuses, ni celle de la polarisation, ni l'électricité dynamique, ni la théorie mathématique de la chaleur, ni celle de l'élasticité, ni les propriétés des fonctions imaginaires et des fonctions doublement périodiques n'ont pu, même pour un jour, captiver son attention. Curieux de la théorie des corps solides, il la séparait entièrement de celle des corps élastiques; ni Navier, ni Poisson, ni Cauchy, ni Lamé, pour lequel il eut toujours une si haute estime, n'ont réussi à lui faire discuter leurs principes : « Ils parlent de » pressions obliques, disait-il avec répugnance, cela n'est pas » pur, une pression est toujours normale, » et éloignant de son esprit cette image et cette locution importune, il reposait aussitôt sa vue sur les corps abstraitement, c'est-à-dire absolument rigides et terminés par des surfaces géométriques d'un poli tellement parfait, qu'on ne doit pas même en parler. Un poli imparfait, une surface rugueuse, qu'entendez-vous par là, je vous prie, en tant que géomètres?

On aurait tort de conclure que Poinsot, en quittant la carrière des Ponts et Chaussées, s'était rendu justice et que son esprit, désarmé en présence de la réalité, était impropre aux travaux d'ingénieur. Plus d'un ancien camarade lui a demandé conseil; plus d'un a regretté de n'avoir pas écouté ses avertissements. Poinsot n'ignorait nullement les qualités physiques des corps, il n'aurait pour beaucoup rien voulu y changer, et s'il les excluait de la Géométrie, c'est qu'il n'était géomètre qu'à ses heures.

Les écrits de Poinsot deviendront-ils, resteront-ils classiques? Pourra-t-on, devra-t-on leur demander à jamais des règles et des exemples en les imposant pour guides et les offrant pour modèles à tous? Je n'oserais l'affirmer; la science, en s'accroissant, pourra s'éloigner par des voies imprévues et nouvelles du cercle restreint dont Poinsot avait fait son domaine; mais les esprits subtils et curieux y trouveront à jamais, quoi qu'il arrive, quelques-uns de ces rares mérites de solidité élégante qui font les écrits immortels. Et si, dans un lointain avenir, quelque lecteur judicieux et délicat, les rencontrant à l'improviste, cherche, tout en les admirant, à deviner en quel siècle ils ont pris naissance, il aura peine à supposer que les *Éléments de Statique*, la *Théorie nouvelle de la rotation* et le Mémoire sur la *Précession des équinoxes* soient écrits par un contemporain de Lagrange, de Laplace et de Cauchy. Très-éloigné de subir l'influence de son époque, Poinsot n'a pris modèle, en effet, sur aucun maître, n'a été imité par aucun disciple; sa manière ne saurait appartenir ni à un siècle ni à une école; elle est individuelle comme celle de Pascal, à laquelle elle ressemble plus qu'à aucune autre, parce que peut-être, en différant sur plus d'un point de l'auteur des *Pensées*, Poinsot, de même que Pascal, était un délicat et vigoureux esprit plus encore qu'un grand géomètre.

J. BERTRAND.

ÉLÉMENTS
DE STATIQUE.

PRÉLIMINAIRE.

I.

1. L'idée que nous avons des corps est telle, que nous ne supposons pas qu'ils aient besoin de mouvement pour exister. Ainsi, quoiqu'il n'y ait peut-être pas dans l'univers une seule molécule qui jouisse d'un repos absolu, même dans un temps limité très-court, nous n'en concevons pas moins clairement qu'un corps peut exister en repos.

Mais si ce corps est une fois en repos, il y demeurera toujours, à moins qu'une cause étrangère ne vienne l'en tirer; car, comme le mouvement ne peut avoir lieu que dans une certaine direction, il n'y aura pas de raison pour que le corps se meuve d'un côté plutôt que de tout autre; et, par conséquent, il ne se mouvra point. Donc, si un corps en repos vient à se mouvoir, on peut être assuré que ce n'est qu'en vertu d'une cause étrangère qui agit sur lui. Cette cause, quelle qu'elle soit, qui ne nous est connue que par ses effets, nous l'appelons *force* ou *puissance*.

La force est donc une cause quelconque de mouvement.

II.

2. Sans connaître la force en elle-même, nous concevons encore très-clairement qu'elle agit suivant une certaine direction, et avec une certaine intensité.

Nous acquérons presque en naissant l'idée de la direction de la force et de son intensité. Le sentiment de la pesanteur qui nous sollicite toujours du même côté, la vue d'un corps qui tombe ou qui reste suspendu au bout d'un fil, la différence des poids que la main éprouve, et une foule d'autres phénomènes aussi simples, nous donnent une idée de la direction et de l'intensité de la force, aussi incontestable que celle de notre existence.

Ainsi nous regarderons comme évident que *toute force agit au point où elle est appliquée, suivant une certaine direction et avec une certaine intensité.*

III.

3. Maintenant, si nous représentons les directions des forces par des lignes droites, et leurs intensités par des longueurs proportionnelles prises sur ces lignes, ou par des nombres, il est clair que les forces pourront être soumises au calcul comme toutes les autres grandeurs; et de là résulte ce problème général, dont la solution est l'objet de la Mécanique.

Un corps ou système quelconque de corps étant sollicite par certaines forces données, trouver le mouvement que ce corps prendra dans l'espace.

Et réciproquement : *Quelles doivent être les relations des forces qui agissent sur un système, pour que ce système prenne dans l'espace un mouvement donné?* ce qui est, au fond, la même question que la précédente.

4. Pour résoudre ce problème général, on commence par résoudre ce cas particulier où l'on demanderait quelles doivent être les relations des forces, pour que le système auquel elles sont appliquées prenne un mouvement égal à zéro, c'est-à-dire demeure en équilibre. Ce problème une fois résolu, il est très-facile d'y ramener l'autre; et voilà pourquoi on commence ordinairement l'étude de la *Mécanique* par celle de la *Statique*, qu'on définit la *science de l'équilibre des forces.*

L'autre partie de la Mécanique traite ensuite de toutes les questions qui se rapportent au mouvement des corps; elle s'appelle *Dynamique*, ou science du mouvement. Mais nous ne nous occuperons ici que de la science de l'équilibre.

IV.

5. Remarquez d'abord que dans la Statique proprement dite il n'est pas nécessaire de connaître l'effet actuel des forces sur la matière, c'est-à-dire les divers mouvements qu'elles sont capables de lui imprimer, eu égard à leurs intensités et à leurs directions; mais qu'il suffit de considérer les forces comme de simples grandeurs homogènes, et par conséquent comparables, et d'assigner les rapports qui doivent exister entre elles pour qu'elles se détruisent mutuellement. Lorsque l'on passe de la théorie de l'équilibre à celle du mouvement, il faut de nouveaux principes sur l'évaluation des forces; car, ne calculant plus alors que leurs effets, il faut savoir les y rapporter : estimer, par exemple, si une force

double produit sur le même corps une vitesse double, ou si la même force, appliquée à un corps de masse double, produit une vitesse deux fois moindre, etc. Mais ici, quelle que soit l'action des forces sur les corps, que les forces soient proportionnelles ou non à leurs effets sensibles, les vérités que nous allons exposer n'en subsisteront pas moins, parce que ces vérités résultent de la seule présence actuelle de plusieurs forces qui n'obtiennent aucun effet, mais qui se détruisent avec évidence : de sorte que l'état d'équilibre des corps reste comme un moment singulier de l'état de mouvement, où la mesure des forces par leurs effets et leurs effets mêmes ont disparu.

6. Rigoureusement parlant, un corps en équilibre est dans le même état que s'il était en repos ; car l'effet des forces étant anéanti pour toujours, ou s'anéantissant à chaque instant si les forces sont sans cesse renaissantes, tout corps en équilibre est actuellement capable de se mouvoir en vertu d'une certaine force donnée, absolument comme il se serait mû en vertu de la même force, s'il eût été en repos. Cependant on peut distinguer l'équilibre d'avec le repos, en ce que, dans le second cas, le corps n'est sollicité par aucune force, au lieu que, dans l'autre, il est sollicité par des forces qui s'entre-détruisent.

Cette distinction, qui est nulle dans l'état rigoureux des choses, devient sensible dans les équilibres que la nature nous offre : presque aucun corps n'est exactement en équilibre, et lorsqu'il nous paraît dans cette situation, il existe néanmoins entre les forces qui le sollicitent une lutte perpétuelle qui le fait osciller infiniment peu, et le ramène continuellement à une position unique qu'il abandonne toujours. Mais, *dans la solution mathématique des problèmes, on doit regarder un corps en équilibre comme s'il était en repos; et réciproquement, si un corps est en repos, ou sollicité par des forces quelconques, on peut lui supposer appliquées telles nouvelles forces qu'on voudra, qui soient en équilibre d'elles-mêmes, et l'état du corps ne sera point changé.*

On verra bientôt de nombreuses applications de cette remarque.

V.

7. Ces notions préliminaires étant posées, voyons comment on peut procéder à la recherche des conditions de l'équilibre pour un système quelconque de corps, de figure invariable, sollicité par des forces quelconques P, Q, R, S,..., appliquées en des points donnés, a, b, c, d,..., du système.

On supposera d'abord que tous les corps sont sans pesanteur, c'est-à-dire tels qu'ils seraient s'ils existaient seuls dans l'espace; de sorte qu'il n'y aura plus à considérer que les efforts des seules forces appliquées P, Q, R, S,..., qui devront se contre-balancer mutuellement dans le cas de l'équilibre.

Ensuite il est facile de voir qu'il suffira de trouver les conditions de l'équilibre pour le simple système des points d'application a, b, c, d,..., regardés comme un assemblage de points liés entre eux d'une manière invariable.

En effet, si l'on désigne par a', b', c', d',..., les mêmes points a, b, c, d,..., du système, mais considérés seulement comme des points unis par des lignes droites, rigides et inextensibles; et si l'on suppose que les forces P, Q, R, S,..., les maintiennent en équilibre, il est évident que les mêmes forces P, Q, R, S,..., maintiendront aussi le système en équilibre; car on pourrait imaginer que le système a été placé sur les points *a'*, *b'*, *c'*, *d'*,..., de manière que les points *a*, *b*, *c*, *d*,..., coïncident actuellement avec eux. Le système étant laissé en repos dans cette situation, l'équilibre des points *a'*, *b'*, *c'*, *d'*,..., ne sera point troublé. Mais il est clair que l'équilibre subsisterait encore, si, au lieu de supposer les points *a* et *a'*, *b* et *b'*, *c* et *c'*,..., coïncidents, on les supposait unis d'une manière invincible, de sorte que *a* ne pût se séparer de *a'*, *b* de *b'*, *c* de *c'*, et ainsi des autres; d'où il résulte que les conditions de l'équilibre entre des forces P, Q, R, S,..., appliquées à un système quelconque de corps, sont les mêmes conditions qui auraient lieu entre les mêmes forces P, Q, R, S,..., appliquées au simple système des points d'application *a*, *b*, *c*, *d*,..., liés entre eux d'une manière invariable.

Ainsi, lorsque l'on cherchera les relations de certaines forces qui se font équilibre autour d'un système quelconque solide, on pourra faire abstraction de tous les corps du système, et supposer qu'il ne reste plus que les points d'application *a*, *b*, *c*, *d*,..., qu'on imaginera liés entre eux de manière à ne pouvoir changer leurs distances mutuelles.

D'après ces considérations, on dégage du problème et le poids et le volume des corps, et la question devient plus simple.

Par la suite, nous rendrons aux corps leur pesanteur, et nous aurons égard à leurs poids respectifs, comme à de nouvelles forces qu'il faudrait combiner avec les autres pour avoir l'équilibre. Nous pourrons, de cette manière, appliquer les résultats de la Statique à l'équilibre des corps naturels, qui sont tous pesants.

VI.

8. Maintenant, puisqu'il ne reste plus qu'à considérer dans l'équilibre des forces que trois choses, savoir : leurs intensités, leurs directions et leurs points d'application, il est visible que les conditions de l'équilibre ne sont autre chose que les relations mutuelles qui doivent exister entre ces trois choses, pour que l'équilibre ait lieu dans le système. Or on peut déjà comprendre, et l'on verra bientôt que ces relations peuvent être exprimées par des équations où l'on ferait entrer immédiatement les intensités des forces, leurs directions, au moyen des angles qu'elles forment avec des droites fixes dans l'espace, et leurs points d'application, au moyen des coordonnées qui en déterminent les positions respectives.

C'est ainsi qu'on peut se faire une idée du problème de la Statique, et se mettre au fait de l'état de la question.

Mais on pourra observer que, dans tout ce que nous venons de dire, il ne s'agit que d'un corps libre dans l'espace, tandis que l'on conçoit bien qu'un corps pourrait être assujetti à de certaines conditions, comme, par exemple, de tourner autour d'un point ou d'un axe fixe, de s'appuyer constamment sur une surface impénétrable, etc. Mais on verra par la suite que les résistances qu'un corps éprouve à cause des conditions étrangères qui l'assujettissent peuvent toujours être remplacées par des forces convenables, et qu'après cette substitution de forces à la place des résistances le corps peut être regardé comme libre dans l'espace : ainsi il était inutile de compliquer au commencement la question.

VII.

9. Pour découvrir actuellement la route qui peut nous conduire aux conditions de l'équilibre, représentons-nous un corps ou système tenu en équilibre par des forces quelconques P, Q, R, S,..., dirigées comme on voudra dans l'espace.

Puisque toutes ces forces se font équilibre, on voit que l'une quelconque d'entre elles, la force P par exemple, s'oppose seule à l'action de toutes les autres Q, R, S,...; d'où il paraît que l'effet de ces dernières est de solliciter le système absolument comme une simple force égale et contraire à la force P.

C'est, en effet, ce qui a lieu, et ce qu'on peut porter à la dernière évidence au moyen de la remarque précédente (6), et de cet axiome, que deux forces égales et opposées se font nécessairement équilibre (12).

Car supposons que l'on applique au système une force P' parfaitement égale et contraire à la force P. Les forces P et P' étant en équilibre, leur effet est nul de lui-même, et l'on peut regarder le corps comme n'étant plus soumis qu'à l'action des forces Q, R, S,.... Mais, d'un autre côté, la force P faisant équilibre aux forces Q, R, S,..., leur effet est aussi nul de lui-même, et l'on peut regarder le corps comme n'étant plus soumis qu'à l'action de la simple force P'. L'état du corps est donc identiquement le même, soit qu'on le suppose sollicité par les forces Q, R, S,..., soit qu'on le suppose sollicité par la seule force P' égale et contraire à celle qui leur ferait équilibre.

Donc, puisqu'il peut arriver qu'une seule force soit

capable de produire sur un corps le même effet que plusieurs, et en tienne parfaitement lieu, notre premier soin doit être de chercher à réduire les forces appliquées au plus petit nombre possible, et d'observer surtout la loi de cette réduction. Alors les conditions de l'équilibre entre toutes les forces se ramèneront aux conditions de l'équilibre entre ces forces finales équivalentes aux premières, et deviendront plus faciles à exprimer.

10. Cette force, qui est capable de produire sur un corps le même effet que plusieurs autres forces combinées, et qui peut à elle seule en tenir parfaitement lieu, se nomme *leur résultante*. D'où l'on voit, en rappelant ce qui a été dit plus haut, *que si plusieurs forces se font actuellement équilibre sur un corps, l'une quelconque d'entre elles est égale et directement opposée à la résultante de toutes les autres*.

Les autres forces, à l'égard de la résultante, se nomment les *composantes*. La loi d'après laquelle on trouve la résultante de plusieurs forces se nomme la *composition des forces*. La même loi (mais prise dans l'ordre inverse), d'après laquelle on substitue à une seule plusieurs forces capables du même effet, ou dont la première serait la résultante, se nomme la *décomposition des forces*.

Nous allons donc commencer par ces deux recherches, qui, au fond, n'en forment qu'une seule, celle de la loi qui lie la résultante à ses composantes.

11. Souvent, pour abréger le discours, nous appellerons *forces parallèles* des forces dont les directions sont parallèles; *forces concourantes* des forces dont les directions concourent, etc.

Nous désignerons ordinairement les forces par les lettres P, Q, R, S,..., placées sur les lignes qui représentent leurs directions; et si une lettre, telle que A, indique le point d'application d'une force, telle que P par exemple, nous supposerons toujours que l'action de cette force a lieu de A vers la lettre P, ou que la force tire de A en P.

Si, pour représenter la quantité de cette force, on prend, sur sa direction, et à partir du point A, une certaine ligne terminée AB, on supposera de même que cette ligne est portée du côté où le point d'application A tend à se mouvoir. Ainsi, quand on dira simplement d'une force qu'elle est représentée en grandeur et en direction par une certaine ligne terminée qui part du point d'application, il faudra sous-entendre que la force *tire* ce point vers l'extrémité de la ligne qui la représente.

On pourrait adopter l'hypothèse contraire, c'est-à-dire supposer que la force représentée par la ligne AB *pousse* le point d'application A pour l'éloigner de l'extrémité B de la ligne qui la représente : car il ne s'agit ici que d'une simple convention dont on est le maître, et l'on peut faire indifféremment l'une ou l'autre; mais une fois qu'elle est faite, il faut avoir soin de s'y conformer dans la figure, pour toutes les forces que l'on considère, afin de donner à chacune d'elles le sens qu'elle doit avoir, et à l'énoncé du théorème toute son exactitude.

CHAPITRE PREMIER.

DES PRINCIPES.

SECTION PREMIÈRE.

COMPOSITION ET DÉCOMPOSITION DES FORCES.

Axiomes, lemmes préliminaires, etc.

12. Il est évident que *deux forces égales et contraires appliquées à un même point sont en équilibre.*

Il est encore évident que *deux forces égales et contraires appliquées aux extrémités d'une droite considérée comme une verge invariable de longueur, et agissantes dans la direction de cette droite, sont en équilibre;* car il n'y a pas de raison pour que le mouvement naisse d'un côté plutôt que de l'autre, comme dans le premier axiome.

Corollaire.

13. Il est facile de conclure de là que l'effet d'un force qui sollicite un corps ne peut être changé en quelque point de sa direction qu'on la suppose appliquée, pourvu que ce point soit un des points du corps lui-même, ou, s'il est au dehors, qu'il lui soit invariablement attaché.

Car, soit une force quelconque P (*fig.* 1) appliquée au point A d'un corps ou système quelconque; si l'on prend, sur la direction de cette force, un autre point B invariablement lié au système, de manière que la longueur AB reste toujours constante, et si l'on applique au point B deux forces P′, — P′ égales entre elles et à la force P, et agissantes dans la direction de AB, le point A sera encore sollicité de la même manière qu'auparavant; car l'effet des deux forces P′ et — P′ est nul de lui-même. Mais en considérant la force P et son égale et contraire — P′ appliquée en B, il est manifeste que leur effet est aussi nul. On peut donc les supprimer, et il ne reste plus que la force P′, qui n'est autre chose que la force P, mais appliquée au point B de sa direction; et le point A n'a pas cessé d'être sollicité de la même manière.

On peut donc appliquer une force en un point quelconque de sa direction, pourvu que ce point soit lié au point d'application par une ligne droite rigide et inextensible.

Remarque.

Lorsque nous changerons ainsi les points d'application des forces, nous ne répéterons pas toujours que l'on doit supposer les nouveaux points invariablement attachés aux premiers, mais il faudra toujours le sous-entendre.

Lemme.

14. Lorsque deux forces P et Q (*fig.* 2) sont appliquées à un même point A sous un angle quelconque, on conçoit bien qu'une troisième force R, appliquée convenablement au point A, pourrait faire équilibre aux deux forces P et Q; car, en vertu des effets combinés des deux forces P et Q, le point A tend à quitter le lieu où il est : or il ne peut s'échapper que d'un seul côté, et, par conséquent, si l'on applique une force convenable en sens contraire, ce point demeurera en équilibre.

Les trois forces P, Q, R étant en équilibre autour du point A, la force R est égale et directement opposée à la résultante des deux autres (10) : donc deux forces P et Q qui concourent ont une résultante.

En second lieu, il est visible que cette résultante doit être dans le plan de leurs directions AP, AQ (*fig.* 3); car il n'y a pas de raison pour qu'elle ait au-dessus du plan une certaine position, plutôt que la position parfaitement symétrique au-dessous.

De plus, elle doit être dirigée dans l'angle PAQ des deux forces; car il est clair que le point A ne peut se mouvoir dans la partie du plan qui est au-dessus de la ligne AQ, vers D; de même, il ne peut se mouvoir au-dessus de la ligne AP, vers B; et, par conséquent, il ne pourra se mouvoir que dans l'angle PAQ; et la résultante R devra être dirigée dans l'intérieur de cet angle.

Remarque.

15. Il n'y a qu'un seul cas où l'on puisse voir *à priori* quelle sera la direction de la résultante : c'est celui où les deux forces P et Q sont égales. Alors il est clair que la résultante divise en deux également l'angle qu'elles forment entre elles; car il n'y a pas de raison pour que cette résultante fasse avec l'une des composantes un angle plus petit qu'avec l'autre.

Axiome fondamental.

16. *Lorsque les deux forces* P *et* Q *agissent dans la même direction et dans le même sens, il est visible, et l'on doit accorder comme un axiome, que ces forces s'ajoutent et donnent une résultante égale à leur somme* P + Q.

Remarque.

Cet axiome est le fondement de toute la science de l'équilibre. On peut le regarder, si l'on veut, comme une espèce de définition ou de *demande*, qu'il ne faut pas essayer de démontrer ; car elle est comprise dans l'idée même de la force considérée comme *grandeur*, c'est-à-dire comme susceptible d'être augmentée ou diminuée. Et, en effet, quelle idée pourrait-on se faire, par exemple, d'une force *double* ou *triple* d'une autre, si l'on ne regardait cette force comme la réunion actuelle de *deux* ou de *trois* forces égales qui tirent à la fois le même point dans le même sens? C'est ce qui a été naturellement sous-entendu dans tout ce qui précède. Au reste, ce *postulatum* est le seul que la science exige; après quoi tous les théorèmes de la Statique rationnelle ne sont plus, au fond, que des théorèmes de Géométrie.

Corollaire.

17. De l'axiome qui précède on peut conclure (en combinant successivement les forces deux à deux) que la résultante de tant de forces que l'on voudra, qui agissent dans une même direction et dans le même sens, est égale à leur somme totale, et agit dans la même direction ;

Que lorsque deux forces inégales P et Q agissent en sens contraires dans une même direction, leur résultante est égale à la différence $P - Q$ des forces, et qu'elle agit dans le sens de la plus grande; car on peut concevoir dans la plus grande, que je suppose P par exemple, une force égale et contraire à Q, et qui la détruit. On peut supprimer ces deux forces-là, et le point est actuellement tiré par la différence P — Q des deux forces P et Q.

D'où l'on voit qu'en général *la résultante de tant de forces que l'on voudra, agissantes dans la même direction, est égale à l'excès de la somme de celles qui tirent dans un sens, sur la somme de celles qui tirent dans le sens contraire, et qu'elle agit dans le sens de la plus grande somme.*

Remarque.

18. Telles sont quelques-unes des propositions les plus élémentaires, dont on découvre la vérité *à priori*, et presque à la première inspection. Le cas le plus simple de la composition des forces, et en même temps celui où l'on connaît tout d'un coup la résultante, est évidemment le cas des forces qui agissent dans une même direction. Nous allons donc commencer la composition des forces par celles qui s'y ramènent immédiatement.

Composition des forces qui agissent suivant des directions parallèles.

Théorème I.

19. *Si deux forces quelconques* P *et* Q (*fig.* 4), *parallèles et de même sens, sont appliquées aux extrémités* A *et* B *d'une droite rigide* AB, *je dis :*

1° *Que ces deux forces ont une résultante, et que cette résultante doit être appliquée à la ligne* AB *entre les deux points* A *et* B;

2° *Que cette force est parallèle aux composantes* P *et* Q, *et égale à leur somme.*

1° Appliquez à volonté aux deux points A et B deux

forces M et N égales et contraires, et qui agissent dans la direction AB. L'effet de ces deux forces sera nul, et, par conséquent, l'effet des deux forces P et Q ne sera pas changé : mais les deux forces M et P appliquées en A ont une résultante S appliquée au point A, et dirigée dans l'angle MAP (14). De même, les deux forces N et Q ont une résultante T, appliquée en B et dirigée dans l'angle NBQ. Concevez qu'on ait pris ces deux résultantes et qu'on les ait appliquées toutes deux au point D où leurs directions vont nécessairement se couper ; la résultante des deux forces S et T sera absolument la même que celle des deux forces P et Q : or, étant appliquée en D, et devant être dirigée dans l'angle ADB, elle ira passer entre A et B, en un certain point C, où l'on pourra la supposer appliquée.

2° Maintenant, pour démontrer que cette résultante est parallèle aux forces P et Q, et égale à leur somme, imaginons qu'au point D on redécompose la force S en deux composantes M' et P', parfaitement égales et parallèles aux premières M et P ; de même qu'on redécompose la force T en deux composantes N' et Q', parfaitement égales et parallèles aux premières N et Q. Les deux forces M' et N seront égales; de plus, elles seront directement opposées, puisque, appliquées à un même point D, elles sont parallèles à une même droite MN, et, par conséquent, leur effet sera absolument nul. Il ne restera donc que les deux forces P' et Q', respectivement égales et parallèles aux forces P et Q. Or ces deux forces, étant évidemment dans une même direction, se composeront en une seule R, égale à leur somme P' + Q' ou P + Q. *Ce qu'il fallait démontrer.*

Corollaire I.

20. Si les deux forces P et Q (*fig.* 5) sont égales entre elles, le point C d'application de la résultante sera au milieu de la ligne AB. Prenons, en effet, les deux forces M et N dont on est maître, égales aux forces P et Q. La résultante S des deux forces égales M et P divisera en deux également l'angle MAP (15); et à cause de DC parallèle à la ligne AP, le triangle ACD sera isoscèle. Par une raison toute semblable, le triangle BCD sera isoscèle; et l'on aura, d'une part AC = CD, et de l'autre CD = CB; d'où AC = CB.

Corollaire II.

21. Il résulte de là que la résultante de tant de forces parallèles qu'on voudra, égales deux à deux, et appliquées symétriquement à des distances égales du milieu d'une même droite, est égale à la somme de toutes ces forces, leur est parallèle, et passe par le milieu de la droite d'application. Car, en combinant successivement deux à deux les forces égales placées de part et d'autre à des distances égales du milieu de la ligne droite, leurs résultantes successives passeront toutes par ce même point, et s'ajouteront ensuite, comme étant de même sens et de même direction.

22. Et, réciproquement, on pourra décomposer toute force P appliquée à une ligne en tant d'autres forces parallèles qu'on voudra, appliquées à différents points de cette ligne, pourvu que ces forces, deux à deux, soient égales, à égales distances du point d'application de la force P, et que leur somme totale soit égale à cette même force.

Théorème II.

23. *Le point* C (*fig.* 6) *d'application de la résultante de deux forces parallèles* P *et* Q, *qui agissent aux extrémités* A *et* B *d'une droite inflexible* AB, *partage cette droite dans la raison réciproque de* P *à* Q; *de sorte que l'on a* P : Q :: BC : AB.

Supposons d'abord que les forces P et Q soient commensurables, c'est-à-dire soient entre elles comme deux nombres entiers m et n.

Divisons AB au point H en deux parties directement proportionnelles aux deux forces P et Q, de manière qu'on ait

AH : BH :: P : Q,

et, par conséquent, :: $m : n$. Sur le prolongement de la ligne inflexible AB, prenons AG = AH et BK = BH. Le point A sera le milieu de GH, et le point B, le milieu de HK.

Cela posé, puisque les forces P et Q sont entre elles comme les lignes AH et BH, elles seront aussi entre elles comme les mêmes lignes doublées, c'est-à-dire comme les lignes GH et HK. Et comme il y a, par hypothèse, dans la ligne AH, m mesures telles que BH en contient n, il y aura $2m$ mesures dans GH, et $2n$ mesures égales dans HK. Or on peut décomposer la force P en $2m$ forces égales et parallèles, appliquées aux $2m$ points milieux des communes mesures de la ligne GH (22); et la force Q en $2n$ forces parallèles, égales entre elles et aux premières, appliquées aux $2n$ points milieux des communes mesures de la ligne HK. Maintenant toutes ces forces égales, étant équidistantes, se trouveront placées deux à deux à égales distances du milieu C de la ligne entière GK, et, par conséquent, leur résultante générale, qui est celle des deux forces P et Q, passera nécessairement par le milieu de la ligne GK.

Mais, à cause de GC = AC, il vient, en retranchant la partie commune AC, BC = AG = AH; et en ajoutant de part et d'autre CH, AC = BH. Donc, puisque l'on a P : Q :: AH : BH, on a aussi

$$P : Q :: BC : AC.$$

Supposons, en second lieu, que les deux forces P et Q ne soient pas commensurables.

Je remarque d'abord que si la résultante de deux forces quelconques P et Q (*fig.* 7), appliquées aux points A et B, tombe en C, la résultante de la force P et d'une force $Q + I > Q$ tombera entre le point C et le point B; c'est-à-dire que le point d'application de la résultante s'approchera du point d'application de la composante qui aura augmenté. En effet, pour trouver la résultante des deux composantes P et Q + I, on peut prendre d'abord la résultante R de P et Q, qui passe au point C, par hypothèse, et ensuite celle de R et de I, dont le point d'application sera entre C et B (19).

Maintenant, si la résultante des deux forces incommensurables P et Q (*fig.* 8) ne passe pas au point C, qui est tel qu'on a P : Q :: BC : AC, elle passera en un autre point situé entre A et C, ou entre C et B. Supposons que ce soit en G entre A et C. Partagez la ligne AB en parties égales toutes plus petites que GC, il y aura au moins un point de division entre C et G. Soit I ce point : les deux lignes AI et BI seront commensurables, et le point I pourra être considéré comme le point d'application de la résultante de deux forces P et Q′, qui seraient telles, qu'on aurait P : Q′ :: BI : AI, ce qui donne $Q' < Q$ (puisqu'on a, par hypothèse, P : Q :: BC : AC). Mais la résultante des deux forces P et Q′ passant en I, celle des deux forces P et $Q > Q'$ passera entre I et B, et ne pourra tomber en G, contre l'hypothèse.

On ferait voir absolument de la même manière qu'elle ne peut tomber entre C et B; et, par conséquent, elle passe nécessairement en C.

Corollaire I.

24. Lorsque trois forces parallèles P, Q, R (*fig.* 9) sont en équilibre sur une ligne AB, l'une d'entre elles est égale et directement opposée à la résultante des deux autres. Ainsi la force Q, par exemple, prise en sens contraire, est la résultante des deux forces P et R. Comme les deux forces P et Q tirent dans le même sens, la force R est égale à $P+Q$, et, par conséquent, $Q=R-P$; d'où il suit que la résultante de deux forces parallèles qui agissent en sens contraires est égale à leur différence, et tire du même côté que la plus grande.

25. Les deux forces P et R étant données, ainsi que la distance AB qui sépare leurs points d'application, si l'on demande le point d'application de la résultante Q, on fera cette proportion, P : Q :: BC : AC; d'où l'on tire $P+Q$: Q :: $BC+AC$: AC, c'est-à-dire R : Q :: AB : AC, proportion qui fera connaître AB, et, par conséquent, le point B.

Corollaire II.

26. Supposons que les deux forces P et R soient égales, la résultante Q sera zéro, et la distance AB de son point d'application sera, par la proportion ci-dessus, $\frac{R \times AC}{0}$, c'est-à-dire infinie.

Si les deux forces P et R, au lieu d'être égales, différaient d'une quantité très-petite, la résultante Q, qui est égale à cette différence, serait très-petite, et la distance $AB = \frac{R \times CA}{Q}$ serait très-grande, à cause du dénominateur Q très-petit : ainsi, plus les deux forces s'approchent de l'égalité, plus la résistante diminue et plus la distance du point où elle est appliquée augmente. De sorte que, lorsque les deux forces deviennent parfaitement égales, la résultante est nulle, et la distance du point d'application infinie; ce qui paraît annoncer qu'il n'y a plus alors de résultante, ou, en termes plus clairs, qu'on ne peut pas trouver actuellement une force unique qui fasse équilibre à deux forces égales, parallèles et de sens opposés.

27. Mais, pour ne laisser aucun nuage sur cette dernière conséquence, imaginons, s'il est possible, qu'une force unique R fasse équilibre aux deux forces P et $-P$, parfaitement égales, parallèles et contraires.

D'abord, quelle que soit la position de cette force unique à l'égard des deux proposées, on lui trouvera sur-le-champ, dans un sens contraire, une autre position toute semblable à l'égard des mêmes forces; car tout est égal de part et d'autre. Si donc une force R fait équilibre aux deux forces P et $-P$, il y a une autre force $-R$ égale, parallèle et de sens opposé, qui leur ferait aussi équilibre. Ajoutez cette seconde force $-R$; et pour ne rien changer, détruisez-la immédiatement par une force R' égale et contraire. Il y aura donc équilibre entre les cinq forces R, P, $-P$, $-R$ et R'. Mais il y a équilibre entre les trois forces P, $-P$ et $-R$: donc il y aurait équilibre entre les deux forces restantes R et R'; ce qui est impossible, puisque ces deux forces égales et parallèles agissent dans le même sens (19).

Ainsi les deux forces P et — P ne peuvent être tenues en équilibre par aucune simple force, et, par conséquent, elles n'ont point de résultante unique.

Nous reviendrons bientôt sur ces sortes de forces, dont la considération, qui n'avait paru jusqu'ici que comme un cas singulier, fera la seconde partie essentielle de nos Éléments.

Corollaire III.

28. De même que l'on compose en une seule deux forces parallèles, qui agissent à des points donnés d'une ligne, on peut aussi décomposer une force quelconque R (*fig.* 6), appliquée à un point C d'une droite inflexible, en deux autres P et Q qui lui soient parallèles, et qui agissent en des points donnés A et B de cette droite. Il ne s'agit pour cela que de partager la force R en deux autres qui soient entre elles dans le rapport des distances BC et AC; et pour trouver la force Q, par exemple, on se servira de la proportion R : Q :: AB : AC, dans laquelle il n'y a que Q d'inconnue. La force P sera égale à R — Q.

Si le point C d'application de la force R (*fig.* 10) qu'on veut décomposer ne tombait pas entre A et B, points d'application donnés des composantes P et Q que l'on cherche, on aurait de même la proportion R : Q :: AB : AC, qui ferait connaître la force Q; mais la force P serait égale à R + Q.

Corollaire IV.

29. Quand on sait déterminer la résultante de deux forces parallèles, on peut facilement trouver celle de tant de forces parallèles qu'on voudra, appliquées aux

différents points d'un système quelconque de figure invariable.

Soient, par exemple, les quatre forces parallèles P, P′, P″, P‴ (*fig.* 11), appliquées respectivement aux quatre points A, B, C, D, situés d'une manière quelconque dans l'espace, et liés entre eux d'une manière invariable. En considérant ces forces deux à deux, elles sont situées dans un même plan. Ainsi l'on peut prendre d'abord la résultante X des deux forces P et P′; elle sera égale à la somme P + P′, et passera en un point I de la ligne AB, qu'on trouvera en divisant AB dans la raison inverse de P à P′. La résultante X étant ainsi déterminée, on joindra le point I où elle agit, au point C de la troisième force P″. Les deux forces X et P″ étant parallèles, on en prendra la résultante X′, comme nous avons fait tout à l'heure : cette résultante sera égale à leur somme X + P″, et le point F où elle devra être appliquée se trouvera en divisant la droite CI, dans la raison réciproque de X à P″. Joignant enfin le point F au point D d'application de la quatrième force P‴, et divisant la droite FD en deux parties réciproquement proportionnelles aux forces X′ et P‴, on aura le point G d'application de la résultante générale R, qui sera parallèle aux deux forces X′ et P‴, et, par conséquent, à toutes les composantes; égale à leur somme X′ + P‴, et, par conséquent, à la somme de toutes les composantes.

Le raisonnement que nous venons de faire s'étend manifestement à un nombre quelconque de forces parallèles.

Si, parmi les forces P, P′, P″, etc., les unes agissaient dans un sens, les autres dans le sens contraire, on commencerait par prendre la résultante de toutes celles qui agissent dans le sens contraire; et toutes les forces étant alors réduites à deux forces parallèles et de sens contraires, on en trouverait la résultante par ce que nous avons dit plus haut.

30. On peut donc, en général, déterminer la position et la quantité de la résultante de tant de forces parallèles qu'on voudra : *cette résultante sera parallèle aux forces, et égale à l'excès de la somme de celles qui tirent dans un sens, sur la somme de celles qui tirent dans le sens contraire.*

J'ai dit *en général*, parce qu'il peut arriver que la résultante des forces qui tirent dans un sens soit parfaitement égale à la résultante de celles qui tirent dans le sens contraire, sans lui être directement opposée; et alors il n'y a pas de résultante unique, comme nous l'avons vu plus haut.

Corollaire V.

31. Supposons que les quatre forces P, P', P'', P''', sans changer de grandeur, sans cesser d'être parallèles et de passer aux mêmes points respectifs A, B, C, D, viennent à prendre les positions p, p', p'', p''' dans l'espace.

Si l'on en cherche la résultante, en suivant le même ordre que plus haut, on trouvera d'abord que la résultante x de p et p' passe au même point I que la résultante X de P et P', et qu'elle lui est égale. Elle passera par le même point, parce que son point d'application doit diviser la même droite AB dans la raison réciproque de p à p', qui est la même que celle de P à P'. Elle lui sera égale, parce qu'on aura $P+P'=p+p'$. On trouvera de même que la résultante x' de x et p'' passera au même point F que la résultante X' de X et P'', et qu'elle lui sera égale, et ainsi de suite : de sorte que la résultante générale des quatre forces p, p', p'', p''' passera au même point que la résultante des quatre forces P, P', P'', P''', et cela est général, quel que soit le nombre des forces. D'où l'on peut conclure ce théorème remarquable :

32. *Si l'on considère un système quelconque de forces parallèles, appliquées à un assemblage de points* A, B, C, D, *etc., et qu'on incline successivement tout le système de ces forces dans diverses situations, de manière que les mêmes forces passent toujours par les mêmes points, et conservent leurs grandeurs et leur parallélisme, les résultantes générales qu'on trouvera successivement dans chacune de ces positions se croiseront toutes au même point.*

Ce point d'intersection des résultantes successives se nomme le *centre des forces parallèles*. Nous aurons occasion d'en parler plus loin, quand il sera question des centres de gravité.

On peut remarquer, au reste, que, dans la démonstration précédente, il n'est pas nécessaire de supposer que les forces conservent toujours les mêmes grandeurs; il suffit que, dans les positions successives du groupe, elles demeurent proportionnelles.

Composition des forces dont les directions concourent en un même point.

Théorème III.

33. *La résultante des deux forces quelconques* P *et* Q (*fig.* 12) *appliquées à un même point* A, *sous un angle quelconque, est dirigée suivant la diagonale du parallélogramme* ABCD *construit sur les deux lignes* AB, AC, *qui*

représentent les forces P *et* Q *en grandeur et en direction.*

D'abord, nous avons vu (14) que cette résultante doit être dans le plan des deux forces P et Q; en second lieu, qu'elle doit être appliquée au point A, puisque cette résultante, par hypothèse, doit solliciter le point A absolument de la même manière que les deux forces P et Q.

Je dis maintenant qu'elle doit passer au point D, extrémité de la diagonale AD.

Prenons, en effet, sur le prolongement de la ligne BD la partie DG = DC, et achevons le losange CDGH. Appliquons aux points G et H, et dans la direction de GH, deux forces Q′ et Q″ contraires, égales entre elles et à la force Q. Il est facile de voir que la résultante des quatre forces P, Q, Q′ et Q″ doit passer au point D. Car : 1° à cause de Q′ = Q, les deux forces parallèles P et Q′ sont entre elles comme les côtés AB, AC, ou comme DC et DB, ou bien, à cause de DC = DG, comme les lignes DG et DB, et, par conséquent (23), leur résultante S passe en D; 2° les deux forces Q et Q″ étant égales, leur résultante T, prolongée, divise en deux également l'angle CHG du losange CDGH, et va passer aussi par le point D, où l'on peut la supposer appliquée. Donc la résultante générale, qui est celle des deux forces S et T, passe au point D.

Mais les deux forces Q′ et Q″ appliquées sur GH étant parfaitement égales et contraires, leur effet est absolument nul, et la résultante des quatre forces P, Q, Q′ et Q″ est identiquement la même que celle des deux forces P et Q. Donc, puisque la première passe en D, celle des deux forces P et Q passe aussi au même point.

Puisque la résultante passe à la fois par les deux points A et D, elle est donc nécessairement dirigée suivant la diagonale AD.

Corollaire.

34. Concluons de là que si l'on connaissait seulement les directions des deux forces P et Q (*fig.* 13), et celle de leur résultante R, on pourrait déterminer le rapport de la force P à la force Q. Car, en prenant sur la direction de la résultante un point quelconque D, et menant de ce point deux parallèles DC et DB aux directions des composantes P et Q, et qui rencontrent ces directions en C et B, on aurait nécessairement P : Q :: AB : AC. Sans quoi l'on aurait P est à Q comme AB est à une ligne AO plus petite ou plus grande que AC; et alors la résultante des deux forces P et Q serait dirigée suivant la diagonale AI d'un parallélogramme AOIB différent du parallélogramme ABDC; ce qui est contre l'hypothèse.

Théorème IV.

35. *La résultante des deux forces quelconques* P *et* Q (*fig.* 14), *appliquées à un même point* A, *est représentée en grandeur et en direction par la diagonale du parallélogramme* ABDC, *construit sur les deux lignes* AB, AC *qui représentent ces forces en grandeur et en direction.*

Nous avons déjà vu que cette résultante est dirigée suivant la diagonale; reste à faire voir qu'elle est représentée en quantité par la diagonale elle-même.

Soit R cette résultante : supposez qu'elle soit appliquée au point A sur le prolongement de la diagonale DA, en sens contraire de son action. Les trois forces P, Q, R seront en équilibre sur le point A. Donc l'une d'elles, la force Q par exemple, sera égale et directement opposée à la résultante des deux autres P et R. Donc la direction de la force Q, prolongée, sera celle de la résultante des deux forces P et R. Donc si, du point B, vous menez à la direction AR la parallèle BG, qui rencontre en G le prolongement de QA, et du point G à la direction AP la parallèle GH qui rencontre en H la direction de la force R, les deux forces P et R seront entre elles comme les côtés AB, AH du parallélogramme ABGH (34). Mais la ligne AB représente actuellement la force P; donc la ligne AH représente la force R. Or, par les parallèles, on a AH=BG=AD; donc, etc.

Corollaire I.

36. Puisque les trois forces P, Q, R sont entre elles comme les trois lignes AB, AC, AD, et que dans le parallélogramme ABCD on a AB = CD, on peut dire que ces trois forces sont entre elles comme les trois côtés CD, CA et AD du triangle ACD. Mais ces trois côtés sont entre eux comme les sinus des angles opposés CAD, CDA, ACD, et à cause des parallèles, l'angle CDA = l'angle BAD, l'angle ACD est supplément de l'angle BAC, et, par conséquent, a le même sinus; on a donc

$$P : Q : R :: \sin CAD : \sin BAD : \sin BAC.$$

D'où l'on peut conclure que, la résultante des deux forces P et Q étant représentée par le sinus de l'angle formé par leurs directions, les deux forces P et Q sont représentées réciproquement par les sinus des deux angles adjacents à la direction de la résultante; ou, si l'on veut, *chacune des forces* P, Q, R *est comme le sinus de l'angle formé par les directions des deux autres.*

Remarque.

37. On peut voir par là, et mieux encore par la considération immédiate du parallélogramme des forces, que lorsque deux forces agissent sur un même point sous un angle qui n'est pas égal à deux droits, elles ne peu-

vent jamais donner une résultante nulle, à moins qu'elles ne soient nulles elles-mêmes, chacune en particulier.

Car, si aucune des deux forces n'était nulle, on pourrait construire un parallélogramme sur les deux lignes qui les représentent en grandeur et en direction, et la diagonale de ce parallélogramme serait la résultante.

Si l'une d'elles seulement était nulle, la seconde serait la résultante; et, par conséquent, la résultante ne peut être nulle, à moins que les composantes ne soient toutes deux nulles en même temps.

Lorsque les deux composantes agissent sous un angle égal à deux angles droits, elles sont alors contraires, et la résultante n'est pas nulle dans le seul cas où ces deux composantes sont nulles toutes deux, mais encore dans celui où elles sont égales.

Corollaire II.

38. On peut toujours décomposer une force donnée R en deux autres P et Q dirigées suivant des lignes données AP, AQ (*fig.* 15), pourvu que ces directions et celle de la force R soient comprises dans un même plan et concourent au même point A; car, prenant sur la direction de la force R une partie AD qui représente sa quantité, et par le point D menant les droites DC, DB parallèles aux directions données AP, AQ, on formera un parallélogramme ABCD, dont les côtés AB, AC représenteront les forces demandées P et Q.

Si l'on veut calculer immédiatement leurs grandeurs, on pourra faire ces deux proportions

$$R : P :: \sin BAC : \sin CAD,$$
$$R : Q :: \sin BAC : \sin BAD,$$

dans lesquelles il n'y a que P et Q d'inconnues.

Remarque.

39. Si l'angle BAC était droit, on aurait, en supposant le rayon $= 1$, $\sin BAC = 1$; $\sin CAD = \cos BAD$; et, réciproquement, $\sin BAD = \cos CAD$; et les deux proportions ci-dessus deviendraient

$$R : P :: 1 : \cos BAD,$$
$$R : Q :: 1 : \cos CAD ;$$

d'où

$$P = R \cdot \cos BAD, \quad \text{et} \quad Q = R \cdot \cos CAD.$$

Il résulte de là que, lorsqu'on décompose une force en deux autres qui agissent suivant des directions rectangulaires entre elles, on trouve chaque composante en multipliant la force proposée par le cosinus de l'angle qu'elle fait avec la direction de cette composante.

Chaque composante est représentée par la projection de la résultante sur sa direction, et c'est ce qu'on appelle souvent la force *estimée* suivant cette direction. Ainsi $R \cdot \cos BAD$, ou la composante P, est la force R *estimée* suivant la direction AP.

Corollaire III.

40. Quand on sait déterminer la résultante de deux forces appliquées à un point, on peut déterminer celle de tant de forces P, Q, R, S, etc., qu'on voudra, appliquées à un même point A, et dirigées d'une manière arbitraire dans l'espace. Car, en considérant d'abord deux quelconques de ces forces, comme les forces P et Q par exemple, ces deux forces seront dans un même plan, et l'on en déterminera la résultante comme nous l'avons fait tout à l'heure. Soit X cette résultante; on prendra semblablement la résultante de la force X et d'une autre telle

que R. Combinant ensuite cette résultante, que je désigne par Y, avec une nouvelle force S, on aura leur résultante Z, qui sera celle des quatre forces P, Q, R, S; et, continuant ainsi, on arrivera nécessairement à la résultante générale.

Si toutes les forces P, Q, R, S, etc., sont dans un même plan, les résultantes successives X, Y, Z, etc., seront dans ce même plan, et, par conséquent, la résultante générale y sera aussi.

Si toutes les forces sont en équilibre, la résultante générale sera nulle.

Par cette composition successive de plusieurs forces autour d'un même point, on voit encore que, si l'on décrit dans l'espace un contour polygonal dont les côtés successifs soient parallèles et proportionnels à ces forces, la droite qui ferme ce contour et achève ainsi le polygone est parallèle et proportionnelle à la résultante générale de toutes les forces; de sorte que, si le polygone se trouve fermé de lui-même, la résultante est nulle, et toutes les forces sont en équilibre autour du point qu'elles sollicitent.

Le théorème suivant n'est, au fond, qu'un cas particulier de cette élégante proposition; mais, comme il est d'un fréquent usage en Mécanique, nous allons l'énoncer et le démontrer expressément.

Théorème V.

41. *Si trois forces* X, Y, Z, *appliquées à un même point* A (*fig.* 16) *dans l'espace sont représentées par les trois lignes* AB, AC, AD, *et qu'on achève le parallélépipède* A...F, *la résultante* R *de ces trois forces sera représentée par la diagonale* AF *de ce parallélépipède.*

En effet, les deux forces X et Y, qui sont représentées par les deux côtés du parallélogramme ABGC, donneront pour résultante une force P représentée par la diagonale AG de ce parallélogramme.

Ensuite, à cause de AD égal et parallèle à GF, la *figure* AGFD sera un parallélogramme, et, par conséquent, les deux forces P et Z donneront une résultante R représentée par la diagonale AF, laquelle est en même temps la diagonale du parallélépipède proposé.

Remarque.

42. Observons sur-le-champ, comme au n° 37, que tant que les trois forces X, Y, Z ne seront pas dans un même plan, elles ne pourront jamais donner une résultante nulle, à moins qu'elles ne soient nulles elles-mêmes en particulier.

Car, si aucune d'elles n'était nulle, on pourrait construire le parallélépipède sur les lignes qui les représentent en grandeur et en direction, et la diagonale serait la résultante.

Si l'une d'elles seulement était nulle, les deux autres qui, par hypothèse, ne sont pas en ligne droite auraient une résultante.

Enfin, si deux d'entre elles seulement étaient nulles, la troisième serait la résultante, et, par conséquent, les composantes X, Y, Z doivent être nulles toutes trois, pour donner une résultante nulle.

Corollaire I.

43. On voit par le théorème précédent (qu'on pourrait nommer le *parallélépipède des forces*), qu'une force

quelconque donnée R est toujours décomposable en trois autres X, Y, Z, respectivement parallèles à trois lignes données dans l'espace, pourvu que deux de celles-ci ne soient pas parallèles.

Car en prenant la partie AF pour représenter la quantité de la force R, et menant par le point A d'application trois lignes parallèles aux droites données chacune à chacune, on conduira par le point A trois plans indéfinis XY, XZ, YZ, et par le point F trois autres plans respectivement parallèles aux premiers; et ces six plans détermineront le parallélépipède dont les trois arêtes contiguës AB, AC, AD représenteront les trois composantes XY,Z

Corollaire II.

44. Si le parallélépipède est rectangulaire, on aura, dans le rectangle ADFG, $\overline{AF}^2 = \overline{AD}^2 + \overline{AG}^2$; mais, dans le rectangle ABGC, on a $\overline{AG}^2 = \overline{AC}^2 + \overline{AB}^2$: donc en substituant cette valeur de $\overline{AG}^2$, on aura

$$\overline{AF}^2 = \overline{AD}^2 + \overline{AC}^2 = \overline{AB}^2 ;$$

par conséquent,

$$R^2 = X^2 + Y^2 + Z^2.$$

Ce qui donne $R = \sqrt{X^2 + Y^2 + Z^2}$ pour la valeur de la résultante en fonction des trois composantes.

45. Si l'on veut avoir les trois composantes en fonction de la résultante et des anglés qu'elles font avec elle, en nommant d'abord α l'angle que la résultante R fait avec la composante X, on aura visiblement

AF : AB :: 1 : cos α, et, par conséquent,

$$R : X :: 1 : \cos\alpha;$$

d'où l'on tire $X = R\cos\alpha$.

En nommant de même β et γ les angles que la résultante fait respectivement avec les composantes Y et Z, on trouvera $Y = R\cos\beta$, $Z = R\cos\gamma$; d'où il suit qu'on trouvera les valeurs des trois composantes respectives en multipliant la résultante par les cosinus respectifs des trois angles que sa direction forme avec les directions de ces composantes.

Remarque.

46. Puisqu'on a trouvé $R^2 = X^2 + Y^2 + Z^2$, en substituant pour X, Y, Z leurs valeurs respectives $R\cos\alpha$, $R\cos\beta$, $R\cos\gamma$, on aura

$$R^2 = R^2\cos^2\alpha + R^2\cos^2\beta + R^2\cos^2\gamma;$$

ou bien,

$$R^2 = R^2(\cos^2\alpha + \cos^2\beta + \cos^2\gamma),$$

d'où

$$\cos^2\alpha + \cos^2\beta + \cos^2\gamma = 1,$$

relation connue qui a toujours lieu entre les angles que fait une droite avec trois axes rectangulaires dans l'espace.

SECTION II.

COMPOSITION ET DÉCOMPOSITION DES COUPLES.

47. Pour abréger le discours, nous appellerons *couple* l'ensemble de deux forces, telles que P et −P (*fig.* 17), égales, parallèles et contraires, mais non appliquées au même point. La perpendiculaire commune AB, menée

entre les directions des deux forces, sera *le bras de levier* du couple, et le produit P × AB de l'une des forces par le bras de levier en sera nommé *le moment*.

Quelle que soit l'action de deux forces telles que P et – P, sur le corps auquel elles sont appliquées, nous avons vu (27) que cette action ne peut être contre-balancée par celle d'aucune simple force appliquée comme on voudra au même corps, et que, par conséquent, l'effort d'un couple ne peut être comparé d'aucune manière à une simple force. Pour distinguer cette nouvelle cause de mouvement, qui est en quelque sorte d'une nature particulière, on pourrait lui donner un nom particulier; mais celui de *couple* nous suffit, et peut très-bien désigner à la fois l'ensemble des deux forces contraires dont il s'agit, et le genre d'effort auquel ce couple donne naissance.

Au reste, comme on verra tout à l'heure que l'effort d'un couple est mesuré par son *moment*, on pourra souvent substituer ce second mot au premier, ou les prendre quelquefois l'un pour l'autre.

La composition des couples formera la seconde Partie essentielle des principes de notre Statique, et se reproduira dans le cours de cet Ouvrage presque aussi souvent que la composition des forces. On en verra bientôt dériver les lois de l'équilibre d'une manière si naturelle et si simple, que l'on nous pardonnera d'avoir paru nous arrêter ici à l'examen d'un cas singulier, lorsque nous tendions peut-être le plus directement possible vers le but principal.

Ce que nous allons dire sur les couples est tout à fait indépendant de l'effet qu'ils produisent sur les corps; mais lorsqu'on voudra se faire une idée des sens respectifs de différents couples situés dans le même plan, on pourra se représenter que les milieux de leurs bras de levier sont fixes; alors l'effet de chaque couple sera visiblement de faire tourner le corps autour du milieu de son bras de levier, et l'on distinguera facilement le sens des couples en distinguant les couples qui tendent à faire tourner dans un sens d'avec ceux qui tendent à faire tourner dans le sens contraire. Mais ne perdons pas de vue qu'il n'y aura réellement aucun point fixe (à moins que nous n'en avertissions expressément), et que l'idée de rotation, qui jusqu'ici est purement accessoire, ne servira qu'à faire image au besoin.

Translation des couples.

48. Nous avons vu plus haut qu'une force peut être transportée en un point quelconque de sa direction, pourvu que ce point soit lié au premier d'une manière invariable : voici une proposition analogue pour les couples, qui n'est pas moins remarquable que la première, et dont nous ferons le plus grand usage par la suite.

Lemme.

49. *Un couple quelconque peut être transporté partout où l'on voudra dans son plan, ou dans tout autre plan parallèle, et tourné comme on voudra dans ce plan, sans que son effet sur le corps auquel il est appliqué en soit changé, pourvu qu'on suppose le nouveau bras de levier invariablement attaché au premier.*

Pour démontrer plus facilement cette proposition, nous la décomposerons en deux autres.

Soit d'abord le couple $(P, -P)$ (*fig.* 18) appliqué perpendiculairement sur AB; prenons où l'on voudra, dans le plan de ce couple ou dans tout autre plan parallèle, la droite CD, égale et parallèle à AB; joignons AD et BC, qui seront dans un même plan, et se couperont visiblement au milieu I de leurs longueurs respectives; et supposons enfin les droites AB et CD liées entre elles d'une manière invariable.

Si l'on applique sur la ligne CD, parallèlement aux forces P et $-$P, deux couples contraires (P′, $-$P′), (P″, $-$P″) égaux entre eux et au couple proposé (P, $-$P), il est évident que ces deux couples se détruiront d'eux-mêmes, et que, par conséquent, l'effet du couple (P, $-$P) ne sera pas changé. Mais, d'un autre côté, il est facile de voir que les deux couples (P, $-$P) et (P″, $-$P″) se détruisent aussi d'eux-mêmes, car, le point I étant à la fois le milieu des deux lignes AD et BC, les deux forces égales et parallèles P et P″, appliquées sur AD, donnent une résultante parfaitement égale et opposée à la résultante des deux forces $-$P et $-$P″, appliquées sur BC. On peut donc supprimer les deux couples (P, $-$P), (P″, $-$P″), et il ne reste plus que le couple (P′, $-$P′) appliqué sur CD, lequel n'est autre chose que le couple primitif qu'on aurait, pour ainsi dire, transporté parallèlement à lui-même, de manière que son bras de levier AB fût venu dans la position parallèle CD.

Soit, en second lieu, le couple (P, $-$P) (*fig.* 19) appliqué perpendiculairement sur AB. Tirons dans le plan de ce couple, sous un angle quelconque avec AB, la droite CD $=$ AB, et supposons que ces deux droites se coupent au milieu I de leurs longueurs respectives et soient invariablement fixées entre elles.

Si l'on applique à angle droit sur CD deux couples contraires (P′, $-$P′), (P″, $-$P″) égaux entre eux et au couple proposé (P, $-$P), ces deux couples se détruiront d'eux-mêmes, et, par conséquent, l'effet du couple (P, —P) ne sera pas changé. Mais, d'un autre côté, les deux couples (P, —P), (P″, —P″), se détruisent aussi d'eux-mêmes : car, avec un peu d'attention, on voit que les deux forces égales P et —P″, qui se rencontrent en G, donnent une résultante égale et directement opposée à la résultante des deux forces —P et P″ qui se rencontrent en H. On peut donc supprimer les deux couples (P, —P), (P″, —P″), et il ne reste plus que le couple (P′, —P′) appliqué sur CD, lequel n'est, pour ainsi dire, que le couple primitif qu'on aurait tourné dans son plan, de manière que son bras de levier AB fût venu dans la position oblique CD.

De ces deux propositions réunies, on peut conclure qu'un couple quelconque, sans que son effet soit changé, peut être transporté dans son plan, ou dans tout autre plan parallèle, en telle position qu'on voudra; car on peut d'abord le transporter parallèlement à ses forces dans le plan donné, de manière que le milieu de son bras de levier tombe au point donné qu'on voudra, et l'on peut ensuite le tourner autour de ce point, de manière à l'amener dans la position donnée; ou, réciproquement, on peut le tourner d'abord dans son plan, de manière que ses forces deviennent parallèles aux nouvelles directions qu'on veut leur donner, et ensuite le transporter immédiatement dans la position donnée.

Transformation des couples ; leur mesure.

Lemme.

50. *Un couple quelconque* (P, — P) (*fig.* 20), *appliqué sur un bras de levier* AB, *peut être changé en un autre*

(Q, — Q) *de même sens, appliqué sur un bras de levier* BC *différent du premier, pourvu qu'on ait* P : Q : : BC : AB, *ou* P × AB = Q × BC, *c'est-à-dire pourvu que les moments de ces couples soient égaux.*

Prenons, en effet, sur le prolongement de AB une partie quelconque BC, et appliquons sur BC, parallèlement aux forces P et — P, deux couples (Q, — Q), (Q′, — Q′), égaux et contraires : leur effet sera absolument nul, et, par conséquent, celui du couple (P, — P) ne sera pas changé. Mais, d'un autre côté, si l'on suppose que les forces P et Q, et, par conséquent, P et Q′, sont en raison inverse des lignes AB et BC, leur résultante, qui est égale à P + Q′, passe en B, et détruit évidemment les forces contraires — P, — Q′ qui s'y trouvent. On peut donc supprimer les quatre forces P, Q′, — P, — Q′, et il ne reste plus que le couple (Q, — Q) appliqué sur BC, lequel remplace le couple proposé (P, — P) appliqué sur AB.

Corollaire.

51. Il n'est pas difficile de conclure de là que les efforts des couples sont proportionnels à leurs moments.

En effet, on peut voir d'abord que deux couples (P, — P), (Q, — Q) (*fig.* 21), qui agissent sur les bras de leviers égaux AB, CD, sont entre eux comme les forces P et Q de ces couples : car, si l'on suppose les forces P et Q entre elles comme deux nombres entiers, comme 5 et 3 par exemple, en partageant chaque force P et — P en 5 forces égales, et chaque force Q et — Q en 3 forces égales entre elles et aux premières, on pourra considérer le couple (P, — P) comme la somme de 5 couples égaux et de même sens, appliqués parfaitement l'un sur l'autre, et le couple (Q, — Q) comme la somme de 3 couples égaux entre eux et aux premiers, aussi appliqués l'un sur l'autre. Les intensités des couples (P, — P), (Q, — Q), seront donc entre elles comme 5 à 3 ou P à Q. Si les forces P et Q sont incommensurables, on fera le raisonnement connu, etc.

Maintenant soient deux couples quelconques (P, — P), (Q, — Q); soient p le bras de levier du premier, et q le bras de levier du second : le couple (Q, — Q), agissant sur la ligne q, est équivalent au couple $\left(\frac{q}{p}Q, -\frac{q}{p}Q\right)$, qui agirait sur la ligne p; car les moments sont égaux de part et d'autre, le premier étant Qq, et le second, $\frac{q}{p}Q, p = Qq$. Ainsi, au lieu de deux couples proposés, on a ces deux-ci (P, — P), $\left(\frac{q}{p}Q, -\frac{q}{p}Q\right)$ qui ont un même bras de levier p. Mais les intensités M et N de ces deux couples sont entre elles comme leurs forces, et, par conséquent, l'on a $M:N::P:\frac{q}{p}Q$, ou bien $M:N::Pp:Qq$.

52. Puisque deux couples sont entre eux dans le rapport de leurs moments, il s'ensuit que le moment d'un couple est la mesure de son effort ou de son intensité; car si l'on prend pour unité de couple celui qui est composé de deux forces égales à l'unité de force, appliquées sur un bras de levier égal à l'unité de ligne, le couple (P, — P) au bras de levier p contiendra autant de fois l'unité de couple que le moment $P \times p$ contiendra le moment 1×1, c'est-à-dire contiendra l'unité.

Remarque.

53. Pour comparer entre elles les grandeurs ou les intensités des couples, on pourrait prendre aussi, au lieu des produits Pp, Qq des forces par leurs bras de levier rectangulaires, les produits de ces mêmes forces par des bras de levier obliques sur leurs directions; mais il faudrait pour tous les couples que les bras de levier fissent le même angle avec les forces. Il est clair qu'alors les bras de levier obliques seraient tous proportionnels aux bras de levier rectangulaires, et que, par conséquent, les nouveaux moments seraient proportionnels aux premiers.

Nous emploierons quelquefois ces nouveaux moments dans la mesure relative de différents couples; mais nous regarderons toujours les autres comme la mesure absolue de leurs intensités.

Composition des couples situés dans un même plan, ou dans des plans parallèles.

Théorème I.

54. *Deux couples situés comme on voudra dans le même plan, ou dans des plans parallèles, se composent toujours en un seul, qui est égal à leur somme s'ils tendent à faire tourner dans le même sens, ou égal à leur différence s'ils tendent à faire tourner en sens contraires.*

En effet, on peut d'abord ramener ces deux couples dans un même plan, ensuite ramener leurs forces au parallélisme, enfin les changer en deux autres équivalents qui auraient un même bras de levier, et alors les appliquer l'un sur l'autre.

Soient P et Q les forces composantes de deux couples, p et q leurs bras de levier respectifs; et soit D la longueur du bras de levier commun aux deux couples transformés. Au lieu du couple (P, — P) au moment Pp, on substituera le couple équivalent (P′, — P′), dont le moment P′D serait égal à Pp. On substituera de même, à la place du couple (Q, — Q) au moment Qq, le couple (Q′, — Q′) au moment $Q'D = Qq$; et ces deux couples transformés étant appliqués l'un sur l'autre, sur le même bras de levier D, on aura un couple unique résultant [(P′ + Q′), — (P′ + Q′)], dont le moment sera

$$(P' + Q'), D, \quad \text{ou} \quad P'D + Q'D = Pp + Qq.$$

Ainsi, le moment résultant sera égal à la somme des moments composants, ou bien à leur différence, selon que les forces P′ et Q′, qui agiront à la même extrémité du bras de levier D, seront de même sens, ou de sens contraires.

Corollaire.

On voit donc, en combinant ainsi les couples deux à deux, que tant de couples qu'on voudra, situés d'une manière quelconque dans un même plan ou dans des plans parallèles, se réduiront toujours à un seul, égal à la somme de ceux qui tendent à faire tourner dans un sens, moins la somme de ceux qui tendent à faire tourner dans le sens contraire.

Et réciproquement, on pourra décomposer un couple donné en autant d'autres qu'on voudra, situés dans le même plan ou dans des plans parallèles. On pourra même prendre à volonté tous ces couples, hors un seul; car il suffira que la somme de ceux qui agissent dans le même sens, moins la somme de ceux qui agissent en sens contraire, soit égale au couple proposé.

Composition des couples situés dans des plans quelconques.

Théorème II.

55. *Deux couples situés comme on voudra dans deux plans qui se coupent sous un angle quelconque se composent toujours en un seul.*

Et si l'on représente les moments de ces couples par les longueurs respectives de deux droites tirées sous un angle égal à celui des deux plans, et qu'on achève le parallélogramme, le moment du couple résultant sera représenté par la diagonale de ce parallélogramme, et le plan de ce couple partagera l'angle que font entre eux les plans des couples composants, comme la diagonale du parallélogramme partage l'angle que font les deux côtés adjacents.

Soient, en effet, les deux couples proposés, situés dans les deux plans AGM, AGN (*fig.* 22), qui se rencontrent suivant AG; et supposons qu'on ait d'abord changé ces deux couples en deux autres respectivement équivalents, qui auraient un même bras de levier.

En quelque lieu que soit situé le couple (P, — P) dans le plan AGM, on pourra le ramener dans ce plan à angle droit sur l'intersection AG, de manière que son bras de levier AB tombe sur l'intersection AG (49). De même, en quelque lieu que soit situé le couple (Q, — Q) dans le plan AGN, on pourra le ramener aussi à angle droit sur la même intersection, et de manière que son bras de levier, égal au premier, coïncide avec lui en AB.

Alors les deux forces P et Q appliquées en A se composeront en une seule R appliquée au même point A, et représentée par la diagonale AR du parallélogramme construit sur les deux lignes AP, AQ, qui représentent les forces P et Q. Les deux forces — P, — Q, appliquées en B, se composeront aussi en une seule — R appliquée en B, parfaitement égale, parallèle et contraire à la première; et l'on aura, au lieu des deux couples (P, — P), (Q, — Q), le couple unique (R, — R) appliqué sur le même bras de levier AB.

Puisque ces trois couples ont un même bras de levier, leurs moments respectifs sont proportionnels aux valeurs des trois forces P, Q, R. Donc, si l'on représente les moments des deux couples composants par les deux lignes AP, AQ qui leur sont proportionnelles, le moment du couple résultant sera représenté par la diagonale AR du parallélogramme APRQ construit sur ces lignes. Or il est visible que les angles formés par les trois lignes AP, AQ, AR, mesurent les angles que font les trois plans; donc le plan du couple résultant partage l'angle des deux autres plans, comme la diagonale AR partage l'angle PAQ des deux côtés adjacents AP, AQ. Donc, etc.

Corollaire.

56. On pourra donc toujours réduire à un seul tant de couples que l'on voudra, appliqués à un corps d'une manière quelconque dans l'espace; car, en les composant successivement deux à deux, comme nous venons de le faire, on arrivera nécessairement à un couple unique dont on connaîtra le plan et la grandeur, et qui sera équivalent à tous les autres.

Réciproquement, on peut toujours décomposer un couple en deux autres situés dans deux plans donnés, pourvu que ces plans et celui du couple proposé se rencontrent suivant une même droite (ou suivant des droites parallèles; car en transportant le plan de l'un de ces couples parallèlement à lui-même, ce qui est permis (49), on rassemblerait leurs trois intersections parallèles en une seule).

Remarque I.

57. Pour opérer cette décomposition, on n'aura qu'à suivre dans l'ordre inverse le procédé que nous venons de donner pour la composition de deux couples; ou bien l'on emploiera la méthode suivante, qui est très-simple, et dont nous nous servirons quelquefois.

Soit AZ (*fig.* 23) la commune intersection des trois plans : menons à volonté un plan YAX qui les coupe suivant les trois lignes respectives AY, AV, AX; et soit ZAV le plan du couple proposé.

En quelque lieu que ce couple (P, — P) soit situé dans le plan ZAV, on peut le placer de manière que ces forces soient parallèles à l'intersection AZ, et que la direction de l'une d'elles, comme de la force — P, coïncide avec cette même intersection. Alors la direction de l'autre force P rencontrera quelque part en B la droite AV, et l'on aura le couple (P, — P) appliqué d'une manière quelconque sur AB, comme on le voit dans la figure. Maintenant formons, suivant les directions AY, AX, avec AB comme diagonale, le parallélogramme BCAD; et à l'un des angles C ou D, en D par exemple, appliquons deux forces contraires P′, — P′, égales et parallèles aux forces P et — P du couple proposé. L'effet de ce couple ne sera pas changé. Mais actuellement, au lieu du couple (P, — P) appliqué sur la diagonale AB, on peut en considérer deux autres: l'un (P′, — P) appliqué sur le côté AD dans l'un des plans donnés ZAY; l'autre (P, — P') appliqué sur BD parallèlement à l'autre plan ZAX. Or ce couple peut être transporté parallèlement à lui-même dans ce plan ZAX, sur le côté AC = BD, et l'on aura alors, au lieu du couple (P, — P) appliqué sur la diagonale AB, deux couples (P', — P), (P, — P'), composés de forces égales et parallèles aux premières, appliqués dans les deux plans donnés sur les côtés AD, AC.

Remarque II.

58. Si l'on supposait que le plan YAX fût mené perpendiculairement à la commune intersection AZ des plans des trois couples, les forces de ces couples seraient perpendiculaires aux lignes AY, AV, AX; et comme ces forces sont égales, les moments des couples seraient proportionnels à leurs bras de levier AD, AB, AC; et, d'après ce que nous venons de dire, on retomberait sur le théorème précédent (55) : ce qui fournit, comme on voit, une nouvelle démonstration de ce théorème.

Remarque III.

59. Cette double démonstration vient de la double manière dont on peut transformer les deux couples avant de les composer. Dans la première, on commence par leur donner un même bras de levier avec des forces différentes; dans la seconde, on leur donne les mêmes forces avec des bras différents.

Il y aurait une troisième démonstration qui se ferait sans rien changer aux deux couples proposés. Car soient (P, — P) et (Q, — Q) (*fig.* 23 *bis*) deux couples appliqués perpendiculairement au plan du triangle ABC, sur les bras respectifs AB, AC; et supposons que les deux forces P et Q qui tirent en B et C soient de même sens. Il est clair que ces deux forces se composent en une seule $P + Q$ de même sens, et appliquée au point g qui divise la base BC dans la raison réciproque de P à Q. Les deux forces $-P$ et $-Q$ qui tirent en A se composent de même en une seule $-(P + Q)$ appliquée au point A; et si l'on fait, pour abréger, $P + Q = R$, on a le couple résultant $(R, -R)$ appliqué sur Ag dans un plan perpendiculaire au triangle ABC.

Maintenant, que du point g on mène deux parallèles aux côtés AB et AC, et qu'on achève ainsi le parallélogramme $Algm$; il s'agirait de prouver que les moments de nos trois couples, savoir,

$$P \times AB, \quad Q \times AC, \quad R \times Ag,$$

sont entre eux comme les côtés Al, Am et la diagonale Ag de ce parallélogramme. Or c'est ce qui est facile; car en mettant, au lieu des forces P, Q, R, les trois lignes Cg, Bg, BC, qui leur sont proportionnelles, on voit que ces moments sont entre eux comme les trois produits

$$Cg \times AB, \quad Bg \times AC, \quad BC \times Ag.$$

Mais les triangles semblables donnent

$$Cg \times AB = BC \times Al, \quad \text{et} \quad Bg \times AC = BC \times Am.$$

Substituant ces deux nouveaux produits à la place des deux premiers, et supprimant partout le facteur commun BC, on a les trois moments dont il s'agit dans la proportion des simples lignes Al, Am, Ag; ce qu'il fallait démontrer.

On peut varier encore ces démonstrations; mais il y a

une manière bien plus simple de présenter la composition des couples, comme nous allons le voir dans l'article suivant.

Expression plus simple des théorèmes qui concernent la composition des couples.

60. Au lieu de déterminer la position d'un couple par celle de son plan, on peut la déterminer par la direction d'une droite quelconque perpendiculaire à ce plan, et que l'on pourra nommer l'*axe* du couple. Puisqu'un couple peut être supposé appliqué où l'on voudra dans son plan ou dans tout autre plan parallèle (49), il est visible que l'on connaîtra la position d'un couple dans l'espace, lorsque l'on connaîtra la direction de son axe; car, en élevant où l'on voudra sur cet axe un plan perpendiculaire, on pourra prendre ce plan pour celui du couple proposé.

Ainsi la position de différents couples parallèles peut être donnée par une seule droite perpendiculaire à tous ces couples, et qui en sera, pour ainsi dire, l'axe commun.

Si les couples sont situés dans des plans quelconques, on supposera d'abord, pour plus de clarté, qu'ils soient transportés dans des plans respectivement parallèles, tous conduits par un seul et même point A, pris à volonté dans l'espace, et qui deviendra le commun centre de tous ces couples; et si l'on prend ce point pour l'origine des perpendiculaires qu'on élève à ces plans respectifs, la position des différents couples se trouvera donnée par celle d'autant de droites partant d'un seul point, et faisant entre elles les mêmes angles que les plans des couples proposés.

De plus, si, à partir de ce point A, on porte sur ces droites des longueurs AL, AM, AN,..., proportionnelles aux moments respectifs de ces couples, que je désigne ici par les simples lettres L, M, N,..., chacune de ces lignes terminées, telle que AL, suffira pour représenter à la fois l'axe et la grandeur du couple L qui lui correspond.

Enfin, si l'on veut que la même ligne AL puisse encore indiquer le *sens* dans lequel ce couple agit (ce qui est nécessaire pour achever la détermination complète du couple), il n'y aura qu'à faire une convention toute semblable à celle qui regarde les simples forces. Or, pour une simple force P appliquée en A, et qu'on représente par une certaine ligne AP, cette convention consiste, comme on l'a dit (**11**), en ce que l'action de cette force a toujours lieu de A vers P, ou que la force tire de A en P. Ici, pour un couple L appliqué autour du centre A, et dont je représente l'axe et la grandeur par la ligne terminée AL, je supposerai toujours que le sens du couple ou de la rotation qu'il tend à produire est tel, que, si l'on se plaçait au point L, considéré comme le nord, pour regarder devant soi le point A, considéré comme le midi, on verrait la rotation se faire de l'orient à l'occident, ou de la gauche à la droite, comme se fait à nos yeux le mouvement du Soleil. C'est d'ailleurs le sens ordinaire dont la main fait tourner la plupart des instruments de rotation; et c'est dans ce sens convenu qu'agira pour nous le couple représenté par la ligne AL.

On peut adopter, si l'on veut, la convention contraire, pourvu qu'on s'y conforme avec le même soin pour tous les couples dont il s'agit dans une même figure, ou dans l'énoncé d'une même proposition.

Au reste, on voit qu'une des deux conventions, comme

la première, nous suffit; car, s'il fallait indiquer dans la figure un couple L′ contraire à L, on le représenterait de même par une ligne AL′, mais portée de l'autre côté du point A sur le prolongement de la première. Il est clair, en effet, que ce second couple qui, vu du point L′, ferait tourner dans le sens convenu, c'est-à-dire de gauche à droite, étant vu du point L, ferait tourner de droite à gauche, et serait réellement contraire au premier.

Par cette manière de déterminer les couples et d'en indiquer les sens simultanés, on voit donc que la représentation géométrique de tant de couples qu'on voudra, appliqués sur un corps dans des plans quelconques, devient parfaitement la même que celle d'autant de simples forces appliquées sur un point; et l'on va prouver tout à l'heure que leur composition peut s'exprimer par des lois toutes semblables. Tout se réduit, en effet, à la démonstration du théorème suivant, qui remplace le théorème II, et qu'on peut très-bien nommer le *parallélogramme des couples*.

Théorème.

61. *Si deux couples* L *et* M *sont représentés, pour leurs axes et pour leurs grandeurs, par les deux côtés* AL *et* AM *d'un parallélogramme* ALGM, *ces deux couples se composent en un seul* G *représenté, pour son axe et pour sa grandeur, par la diagonale* AG *de ce parallélogramme.*

En effet, que du point A et dans le plan du parallélogramme ALMG (*fig.* 24) on mène deux lignes *ll′*, *mm′* perpendiculaires et proportionnelles aux deux côtés respectifs AL et AM, et qui soient toutes deux coupées par leur milieu au point A. Si l'on achève les parallélogrammes A*lgm*, A*l′g′m′*, il est clair que ces parallélogrammes seront égaux entre eux, et semblables au premier ALGM, et que, par conséquent, la ligne gg' sera aussi perpendiculaire et proportionnelle à la diagonale AG, et coupée en son milieu au point A.

Maintenant, que sur les lignes ll', mm' comme bras de levier, et dans des plans perpendiculaires à la figure, on applique deux couples composés de forces égales, le premier (P, — P) sur la ligne ll', et le second (P, — P) sur mm'; et supposons, pour nous conformer à la convention ci-dessus (60), que ces couples tendent tous deux à faire tourner de gauche à droite quand on les regarde l'un après l'autre des points L et M. Il est évident que ces deux couples peuvent être pris pour ceux que les côtés AL et AM représentent; car : 1° ils sont situés dans des plans perpendiculaires à ces côtés; 2° ils ont des moments proportionnels aux mêmes côtés; et 3° leurs sens simultanés sont conformes à la convention établie. Or il est aisé de voir que ces deux couples se composent en un seul, représenté de même par la diagonale AG. En effet, les deux forces P et P appliquées en l et m se composent en une seule 2P parallèle, et de même sens, appliquée au point c, qui est le milieu de lm, et, par conséquent, le milieu de Ag. De même les deux forces — P et — P, en l' et m', se composent en une seule — 2P appliquée en c', milieu de Ag'; et l'on a le couple résultant (2P, — 2P) appliqué sur la ligne cc', ou simplement le couple (P, — P) appliqué sur la ligne double gg'. Or ce couple est évidemment perpendiculaire et proportionnel à la diagonale AG, et fait aussi tourner de gauche à droite quand on le regarde du point G. Donc, etc.

Nous aurions pu tirer ce théorème de l'une des démonstrations qui précèdent, mais nous avons préféré en faire ici la démonstration immédiate, et sur une nouvelle figure, où l'on vît clairement les sens relatifs que doivent avoir ensemble les trois couples que l'on considère.

Remarque I.

62. On voit ici, par un raisonnement tout à fait semblable à celui du n° 37, que si deux couples agissent dans des plans qui se coupent, ou qui ne sont point parallèles, ils ne peuvent jamais donner un couple résultant nul, à moins qu'ils ne soient nuls tous les deux à la fois.

Remarque II.

63. Lorsque les plans des couples composants sont rectangulaires entre eux, les deux axes AL et AM sont aussi rectangulaires, et dans le rectangle ALGM, on a

$$\overline{AG}^2 = \overline{AL}^2 + \overline{AM}^2;$$

de plus, si l'on nomme α et β les angles que fait la diagonale AG avec les deux côtés adjacents AL, AM, on a

$$AL = AG.\cos\alpha, \quad AM = AG.\cos\beta.$$

Donc, en désignant simplement les trois moments respectifs par les lettres L, M, G, on a, pour le moment G,

$$G^2 = L^2 + M^2,$$

d'où

$$G = \sqrt{L^2 + M^2},$$

et, pour les angles α et β que son axe fait avec les axes des deux autres, $L = G\cos\alpha$, $M = G\cos\beta$; d'où

$$\cos\alpha = \frac{L}{G}, \quad \cos\beta = \frac{M}{G}.$$

Remarque III.

En général, si l'on nomme φ l'angle que font entre eux les deux couples composants, ou leurs axes AL et AM, on aura, dans le parallélogramme ALGM,

$$\overline{AG}^2 = \overline{AL}^2 + \overline{AM}^2 + 2\overline{AL} \times \overline{AM} \cos\varphi,$$

et, par conséquent,

$$G^2 = L^2 + M^2 + 2LM \cos\varphi;$$

ce qui donne le couple résultant G par les couples composants L et M, et leur inclinaison mutuelle φ.

Si l'angle φ est nul, on a $\cos\varphi = 1$, et il vient

$$G = L + M;$$

ce qui s'accorde avec ce qu'on a déjà vu : car les deux couples sont alors dans le même plan et de même sens, et ils se composent en un seul égal à leur somme.

Si l'angle φ est égal à deux droits, on a $\cos\varphi = -1$, et il vient $G = L - M$; ce qui doit être, car les deux couples sont alors de sens contraires, et ils se composent en un seul égal à leur différence.

Lorsque φ est un angle droit, $\cos\varphi = 0$, et l'on a

$$G = \sqrt{L^2 + M^2},$$

comme ci-dessus.

Remarque IV.

De la composition de deux couples, il est bien facile de s'élever à la composition de tant de couples qu'on voudra, et il est évident qu'on aura des théorèmes tout semblables à ceux qui regardent les simples forces autour d'un point : cependant je crois devoir énoncer et démontrer comme théorème le corollaire suivant, à cause du grand usage qu'on en peut faire en Mécanique.

Théorème.

64. *Trois couples représentés, pour leurs axes et pour leurs grandeurs, par les trois arêtes contiguës d'un parallélépipède, se composent toujours en un seul représenté, pour son axe et pour sa grandeur, par la diagonale de ce parallélépipède.*

Soient, en effet, A... G (*fig.* 25) le parallélépipède; AL, AM, AN les côtés qui représentent à la fois les axes et les moments des trois couples.

Les deux couples représentés par les deux côtés AL, AM du parallélogramme ALOM, se composeront en un seul représenté, pour son axe et pour sa grandeur, par la diagonale AO de ce parallélogramme. Maintenant ce couple et le troisième représenté par AN se composeront en un seul représenté par la diagonale AG du parallélogramme ANGO. Or cette diagonale est en même temps celle du parallélépipède; donc, etc.

65. On voit encore ici, par le même raisonnement que celui du n° 42, que si trois couples agissent dans trois plans qui forment un angle solide ou qui se coupent en un point unique, ils ne peuvent jamais avoir un couple résultant nul, à moins qu'ils ne soient nuls en même temps tous les trois.

Remarque.

66. Lorsque le parallélépipède est rectangulaire, en nommant L, M, N les moments composants, et G le mo-

ment résultant, on a manifestement $G^2 = L^2 + M^2 + N^2$.

En désignant par λ, μ, ν les trois angles que la diagonale, ou plutôt que l'axe du couple résultant fait avec les trois axes des couples composants, on a

$$L = G\cos\lambda, \quad M = G\cos\mu, \quad N = G\cos\nu;$$

d'où

$$\cos\lambda = \frac{L}{G}, \quad \cos\mu = \frac{M}{G}, \quad \cos\nu = \frac{N}{G}.$$

Donc, s'il s'agit de calculer le moment résultant G de trois moments, L, M, N, dont les axes sont rectangulaires, on aura pour sa valeur $G = \sqrt{L^2 + M^2 + N^2}$, et pour les angles λ, μ, ν, que son axe fait avec les trois axes des moments composants,

$$\cos\lambda = \frac{L}{\sqrt{L^2 + M^2 + N^2}},$$
$$\cos\mu = \frac{M}{\sqrt{L^2 + M^2 + N^2}},$$
$$\cos\nu = \frac{N}{\sqrt{L^2 + M^2 + N^2}}.$$

S'il s'agit, au contraire, de décomposer un couple G en trois autres, situés dans trois plans rectangulaires entre eux, ou dont les trois axes soient rectangulaires, on aura, pour les valeurs respectives des moments composants,

$$L = G\cos\lambda, \quad M = G\cos\mu, \quad N = G\cos\nu;$$

λ, μ, ν étant les trois angles que l'axe du couple donné fait avec ceux des couples composants cherchés.

67. Au reste, nous ne nous arrêterons pas sur ces détails; nous remarquerons seulement qu'entre les sept quantités L, M, N, G, $\cos\lambda$, $\cos\mu$, $\cos\nu$, on a quatre équations qui sont :

$$G^2 = L^2 + M^2 + N^2,$$
$$L = G\cos\lambda,\quad M = G\cos\mu,\quad N = G\cos\nu,$$

au moyen desquelles, connaissant d'ailleurs trois de ces quantités, on pourra déterminer les quatre autres.

Il faut pourtant excepter le cas où l'on ne connaîtrait que les trois angles λ, μ, ν; alors on ne pourrait obtenir que les rapports des moments L, M, N, G.

CONCLUSION GÉNÉRALE DE CE CHAPITRE.

Composition des forces dirigées comme on voudra dans l'espace.

68. Soient tant de forces que l'on voudra, P, $P_{,}$, $P_{,,}$,..., appliquées d'une manière quelconque dans l'espace, à un corps ou système libre.

Je considère d'abord l'une d'elles, la force P (*fig.* 26) par exemple, qui est appliquée au point B; ensuite, au point A, arbitrairement pris dans ce corps, ou au dehors (pourvu qu'on l'y suppose invariablement fixé), j'applique deux forces contraires P', $-P'$, égales et parallèles à la force P. Il est clair que je n'ai rien changé à l'état du système. Mais je puis considérer maintenant, au lieu de la force P appliquée en B, la force P' appliquée en A, et le couple $(P, -P')$ agissant sur la droite AB. Si, pour plus de clarté, on transporte ce couple ailleurs, dans un plan quelconque parallèle au sien, il ne restera au point A que la force P' égale et parallèle à la force P, et qui n'est en quelque sorte que cette même force P qu'on aurait transportée parallèlement à elle-même de B en A.

Si l'on fait la même transformation pour toutes les forces du système à l'égard du même point A, il est manifeste que toutes ces forces viendront s'y réunir parallèlement à elles-mêmes, mais qu'il y aura de plus, dans le système, autant de couples appliqués provenant de chaque transformation. Or toutes les forces appliquées au point A se composeront en une seule R, et tous les couples en un seul couple (S, — S) (*fig.* 27), appliqué sur une certaine droite BC.

Ce qui nous apprend que *tant de forces que l'on voudra, appliquées d'une manière quelconque à un corps, peuvent toujours se réduire à une seule force qui passe par un point donné à volonté, et à un seul couple, dont le plan sera, en général, incliné à la direction de la force.*

Observons, sur-le-champ, que la quantité, la direction et le sens de la résultante R seront toujours les mêmes, en quelque lieu qu'on ait pris le point A. En variant la position de ce point, la résultante R ne fera que se transporter parallèlement à elle-même en différents lieux de l'espace; mais le plan et la grandeur du couple résultant (S, — S) changeront nécessairement.

Or, parmi cette infinité de réductions relatives à tous les points A de l'espace, il y en a une distinguée de toutes les autres, en ce que le plan du couple résultant est perpendiculaire à la direction de la résultante. C'est ce qu'on peut démontrer ici d'une manière très-prompte. Car, tout étant déjà réduit à la seule force R et au seul couple (S, — S), par rapport à un point connu A, imaginez qu'on décompose ce couple (S, — S) en deux autres, l'un (T, — T), qui tombe dans un plan perpendiculaire à la direction de la résultante, et l'autre (V, — V) dans un plan qui passe par cette direction AR. Si dans ce plan, où se trouvent à la fois le couple (V, — V) et la force R, on transporte cette force parallèlement à elle-même de A en O d'un tel côté, et à une telle distance AO, que le couple (R, — R), né de cette translation, soit égal et contraire au couple (V, — V) et la détruise, il ne restera plus que la seule force R, appliquée au nouveau point O, avec le seul couple (T, — T), qui est dans un plan perpendiculaire à la direction de cette force. Ainsi *tant de forces qu'on voudra sont toujours réductibles à une seule force et à un seul couple dont le plan est perpendiculaire à la direction de la force :* de sorte qu'il y a toujours dans l'espace une certaine droite déterminée OR, qui peut servir à représenter tout à fois la direction de la résultante et l'axe du couple résultant.

Cette réduction est unique : je veux dire qu'il n'y a dans l'espace aucun autre lieu où l'on puisse trouver le couple résultant perpendiculaire à la résultante. Car maintenant, de quelque côté qu'on veuille transporter la force R hors de sa position actuelle OR, elle produira un couple (R, — R) perpendiculaire au couple (T, — T), et ces deux couples, étant composés en un seul, donneront le nouveau couple résultant nécessairement incliné au couple (T, — T), et même toujours plus grand, puisque les deux composants sont rectangulaires entre eux. D'où l'on voit, non-seulement que le couple (T, — T) est le seul qui puisse être perpendiculaire à la direction de la résultante, mais qu'il est encore le plus petit de tous les couples résultants qu'on peut trouver par rapport à tous les points de l'espace. On voit en même temps que, pour des points pris autour de OR, à égales distances de cette droite, les couples résultants ont des valeurs égales, et sont dans des plans différents, mais également inclinés à cet axe OR, qu'on peut aussi nommer l'*axe central* des couples et du système. En s'éloignant de cet axe, on trouve des couples toujours plus grands et qui croissent sans bornes; mais ils ont tous cette commune propriété, que chacun d'eux, *estimé* sur le plan perpendiculaire à la direction constante de la force R, donne le même couple (T, — T) : d'où l'on voit que la valeur de ce couple *minimum* s'obtient tout de suite en prenant un couple résultant quelconque (S, — S) et le multipliant par le cosinus de son inclinaison au plan dont il s'agit.

Je ne présente, en passant, cet axe *central*, où se fait une réduction si lumineuse de toutes les forces du système, que pour éclairer à la fois toutes les autres réductions équivalentes, et les grouper, pour ainsi dire, dans un seul tableau où l'on en voie d'un coup d'œil l'ordre et la dépendance mutuelle.

On trouvera cette théorie plus développée dans notre Mémoire *Sur les Moments et sur les Aires;* mais je dois me borner ici aux corollaires généraux qui importent le plus à nos *Éléments de Statique*.

Corollaire I,

Qui contient les lois de l'équilibre de tout système libre.

69. Un couple ne pouvant jamais être tenu en équilibre par aucune simple force dirigée comme on voudra dans l'espace, il résulte de ce que nous venons de dire qu'il ne pourra jamais y avoir équilibre dans le système, à moins que la résultante R des forces ne soit nulle d'elle-même, et que le moment du couple résultant (S, — S), ne soit aussi nul de lui-même.

Ainsi, *toutes les forces appliquées au système, étant trans-*

portées parallèlement à elles-mêmes en un point quelconque du système ou de l'espace, doivent s'y faire équilibre entre elles; et tous les couples qu'elles produisent en s'y transportant en ce point doivent aussi se faire équilibre entre eux.

Remarque.

70. Telles sont, pour un système libre quelconque, de forme invariable, les deux conditions d'équilibre nécessaires et suffisantes, c'est-à-dire sans lesquelles l'équilibre ne pourra subsister, et telles qu'il aura manifestement lieu, si elles sont remplies.

Pour développer ces deux conditions, il faudra remonter à la valeur de la résultante R et à la valeur du couple résultant (S, — S), en conservant les lois qui lient la résultante à ses composantes, et le couple résultant aux couples composants; faire ensuite la force R et le couple (S, — S) tous deux nuls, et voir quelles relations cela établit entre les forces primitives appliquées au système. On obtiendra de cette manière les conditions de l'équilibre, exprimées au moyen des seules forces données immédiatement par l'état de la question; ce qui est la solution du problème que nous avions en vue.

Mais tous ces développements, qui, d'après les principes posés ci-dessus, ne sont plus qu'une affaire de Géométrie et de Calcul, feront l'objet du Chapitre suivant.

Corollaire II,

Qui contient les conditions nécessaires pour que toutes les forces appliquées au système aient une résultante unique, lorsqu'elles ne se font pas équilibre.

71. Toutes les forces appliquées au système étant ramenées, ainsi que nous venons de le voir, à une seule force et à un couple, supposons que cette force R et le couple (S, — S) puissent se réduire à une seule force, ou, si l'on veut, qu'une force unique R' fasse équilibre au couple (S, — S) et à la force R.

Puisqu'il y a équilibre entre les deux forces R, R' et le couple (S, — S), je dis que les deux forces R et R' doivent former un couple contraire et équivalent au couple (S, — S), et situé dans le même plan, ou dans un plan parallèle, ce qui est ici la même chose.

Car il ne peut arriver que trois cas : ou les deux forces R et R' seront susceptibles de se réduire à une seule, et alors cette force ne pourra faire équilibre au couple (S, — S), ou elles se réduiront à une seule avec un couple, et alors ce couple et le proposé (S, — S) se réduiront à un seul, qui ne pourra pas être en équilibre avec la force; ou bien enfin elles se réduiront à un seul couple, et c'est le seul cas qui puisse arriver.

Il faut donc au moins que les deux forces R et R' forment ensemble un couple; mais pour que ce couple fasse équilibre au couple (S, — S), il est nécessaire qu'il soit situé dans le même plan ou dans un plan parallèle, sans quoi ces deux couples se composeraient toujours en un seul, qui ne pourrait jamais être nul (62), et il n'y aurait pas équilibre. Donc la direction de la résultante R doit être parallèle au plan du couple résultant (S, — S), et par conséquent *toutes les forces appliquées au système ne pourront jamais se réduire à une seule, à moins que la résultante de ces forces transportées parallèlement à elles-mêmes en un même point n'ait une direction parallèle au plan du couple résultant, et cela, en quelque lieu de l'espace qu'on ait pris d'abord le point où l'on a transporté toutes les forces.*

Cette condition est nécessaire, et il est clair qu'elle suffit en général; car, à moins que la résultante R ne soit nulle, on sera toujours maître d'appliquer au système une force R' qui soit égale, parallèle et opposée à la force R, et qui forme avec elle un couple (R, — R) d'un sens contraire à celui du couple (S, — S), et d'un moment équivalent. Cette force, estimée en sens contraire, sera la résultante générale.

Au reste, on pourra prendre immédiatement cette résultante : car si la force R appliquée en A est parallèle au plan du couple (S, — S), on pourra amener ce couple dans un même plan avec la force R, et alors les trois forces R, S et — S, étant dans le même plan, se composeront toujours en une seule égale et parallèle à R, et qui sera la résultante unique de toutes les forces.

72. Dans le cas où la force R est égale à zéro, il n'y a point de résultante unique; car toutes les forces du système sont réduites au seul couple (S, — S), qui ne peut jamais se réduire à une seule force. Ainsi, à la condition précédente, qui exige que la force R soit parallèle au plan du couple (S, — S), il faut joindre encore celle-ci, comme condition particulière : *que la force* R *ne soit pas égale à zéro* (à moins qu'il n'y ait équilibre, auquel cas, la force résultante et le couple résultant étant tous deux nuls, on pourrait dire qu'il y a une résultante unique qui est zéro, et qui a d'ailleurs telle direction et telle position qu'on veut dans l'espace; mais nous avons exclu le cas de l'équilibre).

Remarque I.

73. Lorsque le couple résultant (S, — S) (*fig.* 28) et la force R ne sont pas dans des plans parallèles, il n'y a jamais de résultante unique. Seulement, en transportant le couple (S, — S) parallèlement à son plan, on peut amener l'extrémité B ou C de son bras de levier sur le point A, et alors les deux forces R et S appliquées en A se composent en une seule T; et toutes les forces du système sont réduites à deux autres T et — S non situées dans le même plan.

Ce qui nous fait voir d'abord que *tant de forces que l'on voudra, dirigées arbitrairement dans l'espace, peuvent toujours se réduire à deux au plus, non situées dans le même plan.*

Mais il est clair que cette réduction peut avoir lieu d'une infinité de manières, même sans déplacer le point A où l'on rassemble toutes les forces; car le couple (S, — S) pourrait être changé en une infinité d'autres équivalents, et de plus tourné sur son axe dans une position quelconque, et l'on arriverait ainsi à une infinité de systèmes différents de deux réduites non situées dans le même plan.

A la vérité, on pourrait choisir, entre ces systèmes, celui où l'une des forces serait perpendiculaire au plan du couple, et l'autre dirigée dans ce même plan; car imaginez la résultante R décomposée en deux forces, l'une V perpendiculaire, l'autre U parallèle au plan du couple (S, — S) : la force U et le couple parallèle (S, — S) se réduiront toujours à une seule U′ égale et parallèle à U; et toutes les forces appliquées seront réduites à deux autres V et U′ de directions rectangulaires dans l'espace. Ainsi *des forces quelconques peuvent se réduire à deux forces de directions perpendiculaires entre elles, et dont l'une passe en un point* A *donné à volonté*. Mais cette réduction elle-même, qui souffre d'ailleurs une exception, n'a guère plus d'utilité que la précédente, et nous ne nous y arrêterons pas davantage.

Remarque II.

74. La seule conséquence qu'il soit bon de remarquer est cette autre proposition réciproque : que *deux forces non situées dans le même plan ne peuvent jamais avoir de résultante unique.*

Et, en effet, on peut toujours supposer que ces deux forces proviennent d'une autre force, et d'un couple qui ne lui était pas parallèle.

Mais si l'on veut voir la chose directement, soit AB (*fig.* 29) la commune perpendiculaire aux directions des deux forces P et Q non situées dans le même plan, et dont aucune n'est supposée nulle. Je transporte P parallèlement à elle-même de B en A, et j'ai deux forces P′ et Q appliquées au même point A, et un couple (P, — P′) appliqué sur AB. Or, au point A, les forces P′ et Q, qui, par hypothèse, font entre elles un certain angle QAP′, se composent en une seule R dirigée dans l'intérieur de cet angle. Mais cette force R ne peut être parallèle au plan du couple (P, — P′), puisqu'elle fait avec ce plan un angle BAP′ qui ne peut jamais être nul, à moins que Q ne soit nulle, ce qui est contre la supposition. Donc (71) les deux forces P et Q non situées dans le même plan ne peuvent jamais avoir de résultante unique, proposition qu'on regarde ordinairement comme évidente, mais qui avait besoin d'être démontrée.

Remarque III.

75. C'est, au reste, le seul cas général où l'on puisse assurer que des forces ne sont pas réductibles à une seule; car, dès que l'on considère seulement trois forces, il ré-

sulte de notre théorie qu'elles peuvent avoir une résultante unique, quand bien même il n'y aurait aucune rencontre entre les directions de ces trois forces dans l'espace.

Soient, en effet, trois forces P, Q, R, que je suppose, deux à deux, non situées dans le même plan, ou même telles, que, s'il y en avait deux dans un même plan, l'autre ne fût en même plan ni avec la première ni avec la seconde.

Je choisis deux de ces forces P et Q qui ne soient pas situées dans un même plan, et je les imagine transportées en un même point A pris sur la direction de la troisième force R. Ces deux forces P et Q viennent s'y composer en une seule V, et donnent deux couples qui se composent en un seul (S, — S); et le plan de ce couple ne passe point par la direction AV de la force V (74).

Cela posé, si la résultante des deux forces V et R, appliquées en A, se trouvait dans le plan du couple (S, — S) qui passe au même point, les trois forces proposées P, Q, R seraient réductibles à une seule (71). Or, sans changer la direction de la force R, on peut disposer du sens et de la grandeur de cette force de manière que la résultante de V et R tourne autour du point A dans le plan de ces deux forces, et se dirige suivant l'intersection de ce plan avec celui du couple (S, — S), et tombe ainsi dans le plan même de ce couple. Donc, en prenant convenablement la grandeur et le sens de l'une des trois forces P, Q, R, sans rien changer à leurs positions mutuelles, on peut, en général, rendre ces trois forces réductibles à une seule.

Je dis *en général*, parce qu'il y a un cas particulier où la chose ne pourrait avoir lieu, en supposant qu'il y eût un certain rapport donné entre P et Q et qu'on s'astreignît à ne faire varier que la quantité de la troisième force R : car, si, par ce rapport de P à Q, il arrivait que l'intersection du plan VAR avec le plan du couple fût la direction même AR de cette troisième force, on ne pourrait faire prendre à la résultante de V et R la direction AR, sans faire la composante R infinie, ce qui est impossible.

Mais, dans ce cas particulier, que l'on commence par changer le rapport des deux forces P et Q, ou simplement le sens de l'une d'elles, et le couple (S, — S) qui résultera de leur translation au point A ne passera plus par la direction de la troisième force R ; car, si le plan de ce couple passait encore par la même droite AR, il s'ensuivrait que AR est la commune section des deux plans où sont situés les couples qui composent (S, — S), et qu'ainsi la force R est à la fois dans un même plan avec P et dans un même plan avec Q; ce qui est contre l'hypothèse.

Ainsi, *quand de trois forces* P, Q, R *on n'en peut trouver tout au plus que deux qui soient situées en même plan, il est toujours possible de rendre ces trois forces réductibles à une seule, sans rien changer à leurs directions dans l'espace.*

Le seul cas où l'on puisse dire de trois forces que leur position seule les rend toujours irréductibles est celui où, en regardant ces forces deux à deux, on ne trouve qu'une combinaison qui présente deux forces non situées en même plan. Dans une telle position, quels que soient les rapports de grandeur qu'on veuille donner à ces forces, on ne les rendra jamais capables de se réduire à une seule.

Remarque IV.

76. Comme il paraît incontestable qu'un couple ne peut être en équilibre autour d'un point fixe, par exemple autour du milieu de son bras de levier, remarquons cette différence entre l'équilibre de plusieurs forces appliquées à un corps assujetti à tourner autour d'un point fixe, et l'équilibre de plusieurs couples qui seraient appliqués au même corps.

Dans le premier cas, il n'est pas nécessaire que les forces aient une résultante nulle d'elle-même; il suffit qu'elles aient une résultante qui passe par le point fixe où elle sera détruite.

Mais, dans le second, il faut nécessairement que les forces aient une résultante nulle d'elle-même : il suffit qu'elles aient une résultante qui passe par le point fixe où elle sera détruite.

Mais, dans le second, il faut nécessairement que les couples appliqués au corps donnent un couple résultant nul de lui-même, comme s'il n'y avait pas de point fixe dans le corps; car, si ce couple n'est pas nul de lui-même, en le transportant, pour plus de clarté, de manière que le milieu de son bras de levier vienne tomber au point fixe, il est évident que ses deux forces ne pourront être en équilibre autour de ce point.

Et il est encore évident qu'elles ne seraient pas en équilibre, quand bien même il y aurait dans le corps un axe fixe, pourvu que le plan du couple ne passât point par cet axe, ou ne fût point parallèle à sa direction, ce qui reviendrait au même (49).

Ainsi, *lorsque différents couples, situés comme on voudra dans l'espace, sollicitent un corps ou système assujetti à tourner autour d'un point fixe, les conditions de l'équilibre sont absolument les mêmes que si le corps était parfaitement libre.*

Et la même chose a lieu dans le cas d'un axe fixe, si les couples appliqués sont tellement disposés, qu'ils ne puissent jamais donner un couple résultant parallèle à cet axe; ce qu'on ne peut assurer d'une manière générale que lorsque tous les couples sont dans des plans parallèles qui rencontrent l'axe fixe en le coupant.

CHAPITRE II.

DES CONDITIONS DE L'ÉQUILIBRE.

77. Nous venons de voir (68) qu'on peut transformer chaque force P (*fig.* 26) qui agit sur un système en un certain point B en une autre force P′ égale, parallèle et de même sens, appliquée en un autre point A pris à volonté dans l'espace, et en un couple (P, — P) appliqué sur AB, et dont l'énergie est mesurée par le moment $P \times AI$, AI étant une perpendiculaire abaissée du point A sur la direction de la force P; que, de cette manière, le système peut être considéré comme sollicité par la résultante de toutes les forces qui se seraient en quelque sorte transportées parallèlement à elles-mêmes au point A, et par le couple résultant de tous les couples qui naissent de ces transformations. Nous avons vu que, pour l'équilibre, cette résultante et le moment du couple résultant doivent être nuls tous les deux à la fois.

Nous pourrions développer sur-le-champ ces deux conditions dans le cas général d'un corps ou système sollicité par tant de forces que l'on voudra dans l'espace, et déduire de là les conditions de l'équilibre dans tous les cas particuliers qui peuvent se présenter; mais, comme notre marche doit toujours être uniforme dans le courant de ce Chapitre, ou plutôt comme elle n'offrira qu'une même et continuelle application d'un même principe, nous aimons mieux passer en revue plusieurs questions simples, avant que de traiter la question générale. Cela nous fournira d'ailleurs l'occasion de répandre plusieurs propositions sur les moments, dont on fait beaucoup d'usage dans la Statique.

Une fois parvenu au théorème général de l'équilibre, on pourra s'y arrêter, et l'on y trouvera comprises toutes les propositions qui auront été précédemment expliquées.

I.

De l'équilibre des forces parallèles qui sont situées dans un même plan.

78. Soient P, P′, P″, P‴,... (*fig.* 30) les différentes forces parallèles. D'un point A pris où l'on voudra dans leur plan, abaissons une perpendiculaire commune sur leurs directions et qui les coupe aux points respectifs B, C, D,....

Considérant d'abord la force P, j'applique au point A deux forces contraires P, — P, égales et parallèles à la première; ainsi j'ai, au lieu de la simple force P appliquée en B, une force égale et parallèle appliquée en A, et un couple (P, — P) agissant sur AB, et dont le moment est $P \times AB$. Je substitue de même, au lieu de la force P′ appliquée en C, une force égale, parallèle et de même sens appliquée en A et un couple (P′ — P′) appliqué sur AC, et dont le moment est $P \times AC$; de même pour la force P″,....

Si, pour plus de clarté, on transporte tous les couples ailleurs dans le même plan, il ne restera au point A que les forces P, P', P'',..., égales et parallèles aux forces primitives appliquées en B, C, D,..., et de même sens.

Or, pour qu'il y ait équilibre, il faut : 1° que la résultante des forces appliquées en A soit nulle d'elle-même. Mais, toutes ces forces agissant dans une même direction, leur résultante est égale à leur somme (*), et, par conséquent, on aura

$$P + P' + P'' + \ldots = 0,$$

première équation de l'équilibre.

2° Il faut que le moment résultant de tous les moments des couples soit aussi nul de lui-même. Mais ce moment résultant est égal à la somme des moments composants, puisque tous les couples sont dans un même plan. Donc, en nommant, pour abréger, p, p', p'',... les bras de levier respectifs AB, AC, AD,..., on aura

$$Pp + P'p' + P''p'' + \ldots = 0,$$

seconde équation de l'équilibre.

Remarque

79. Il est clair que, dans la première équation, si l'on regarde les forces qui tirent dans un même sens comme positives, il faut regarder celles qui tirent dans le sens contraire comme négatives. Nous regarderons désormais comme positives les forces telles que P', qui tirent au-dessus de la droite AD, et, par conséquent, comme négatives les forces telles que P, P'',..., qui tirent au-dessous; et de cette manière on pourra dire que la *somme* des forces doit être nulle pour l'équilibre.

(*) Il faut prendre ce mot, ici et ailleurs, dans le sens de la Remarque suivante (79).

Pour les signes des moments Pp, $P'p'$,... de la seconde équation, il faut faire attention à deux choses : 1° au signe de la force; 2° au signe du bras de levier.

Supposons, en effet, que la force P, sans cesser d'agir du même côté du point A, vienne à changer de signe; il est clair que le couple nouveau qu'elle produira à l'égard du point A sera d'un sens contraire à celui du premier : ainsi, le moment Pp change de signe, lorsque la force P en change.

Concevons maintenant que la force P, sans changer de signe, vienne à agir au point B' de l'autre côté du point A. Il est visible que le couple nouveau qu'elle produira à l'égard du point A sera d'un sens contraire à celui du premier, et, par conséquent, le moment Pp change de signe lorsque le seul bras de levier p en change.

Donc, en prenant les bras de levier tels que AB, qui sont à droite du point A comme positifs, par exemple, il faudra prendre les bras de levier tels que AB' qui tomberaient à gauche comme négatifs; et l'on pourra toujours dire que la somme des moments doit être nulle en donnant des signes convenables aux forces et aux bras de levier.

Corollaire.

80. Supposons que les forces P, P', P'',... ne soient pas en équilibre, mais qu'elles aient une résultante unique R, et que, par conséquent, — R soit une force capable de leur faire équilibre.

Les deux équations précédentes devront avoir lieu si l'on y fait entrer la force — R. On aura donc d'abord

$$P + P' + P'' + \ldots - R = 0,$$

ou bien

$$R = P + P' + P'' + \ldots;$$

ce qui veut dire que la résultante est égale à la somme des composantes, comme nous le savions déjà.

En second lieu, si l'on nomme la distance de la résultante au point A, on aura

$$Pp + P'p' + P''p'' + \ldots - Rr = 0,$$

ou bien

$$Rr = Pp + P'p' + P''p'' + \ldots,$$

ce qui nous fait voir que le produit de la résultante, par sa distance r à un point quelconque A pris dans le plan des forces, est égal à la somme de tous les produits semblables des composantes par leurs distances respectives à ce même point.

En divisant cette équation par R, et mettant à la place de cette quantité sa valeur $P + P' + P'' + \ldots$, on aura

$$r = \frac{Pp + P'p' + P''p'' + \ldots}{P + P' + P'' + \ldots},$$

ce qui donnera la distance de la résultante au point A, et, par conséquent, fera connaître sa position, puisque l'on sait d'ailleurs qu'elle doit être parallèle aux composantes.

Remarque.

81. Les produits Pp, $P'p'$,... sont ce que l'on nomme ordinairement les *moments des forces;* mais on n'attache pas au mot de *moment* d'autre idée que celle d'un simple produit, qui résulte de deux nombres, dont l'un exprime la force et l'autre sa distance à un point : au lieu que le moment est pour nous la mesure d'une force particulière, c'est-à-dire de l'effort du couple qui provient de la force, lorsqu'on la transporte parallèlement à elle-même au point que l'on considère. Mais comme ici, et dans la

plupart des Ouvrages de Statique, le moment exprime une même quantité numérique, à la différence près de l'idée que nous y joignons, nous avons cru devoir conserver ce mot, qui est consacré par l'usage et qui rend d'ailleurs assez bien notre idée, puisque le mot latin *momentum*, d'où vient *moment*, veut dire aussi *poids, force*, ou, plus exactement, *ce que vaut une force à raison de sa grandeur et du bras de levier par lequel elle agit.*

Au reste, lorsque nous ne voudrons parler que du simple produit numérique d'une force par sa distance à un point, à un axe perpendiculaire, ou à un plan parallèle à sa direction, nous dirons aussi le moment de la force par rapport au point, ou à l'axe, ou au plan parallèle; et cela n'introduira aucune équivoque dans le discours, puisque l'on pourra entendre, si l'on veut, par ce produit, le moment du couple qui naîtrait de la force transportée parallèlement à elle-même au point, ou sur l'axe, ou dans le plan que l'on considère.

De cette manière l'équation précédente

$$Rr = Pp + P'p' + P''p'' + \ldots$$

peut s'exprimer ainsi :

La somme des moments de tant de forces parallèles qu'on voudra, par rapport à un point quelconque de leur plan, est égale au moment de leur résultante par rapport au même point; ce qui est le théorème connu des moments, pour les forces parallèles qui sont situées dans un même plan.

II.

De l'équilibre des forces parallèles qui agissent sur différents points d'un corps dans l'espace.

82. Soient P, P′, P″,... (*fig*. 31) les différentes forces parallèles. Je mène à volonté deux plans ZAY, ZAX parallèles aux directions des forces, et qui se coupent suivant AZ à angle droit l'un sur l'autre, pour plus de simplicité. Cela posé, considérant d'abord la force P appliquée en B, j'abaisse une perpendiculaire BH sur la commune intersection AZ, et appliquant en H deux forces contraires P, — P égales et parallèles à la première, je considère, au lieu de la force P appliquée en B, une force égale, parallèle et de même sens appliquée en H, et un couple (P, — P) agissant sur BH. Si l'on fait la même transformation pour les autres forces P′, P″,..., et que, pour plus de clarté, on conçoive tous les couples transportés ailleurs, chacun dans son plan, il ne restera dans l'axe AZ que les forces P, P′, P″,..., respectivement égales et parallèles aux forces primitives, et de même sens.

Or la première condition de l'équilibre est que la résultante de toutes ces forces soit nulle d'elle-même; et comme elles agissent dans une même droite, leur résultante est égale à leur somme; et, par conséquent, il faut qu'on ait

$$P + P' + P'' + \dots = 0.$$

La seconde condition de l'équilibre est que le moment résultant de tous les moments des couples soit aussi nul de lui-même. Mais ce moment résultant ne se trouve pas, comme tout à l'heure, en ajoutant les moments composants, car les couples ne sont pas dans un même plan ni dans des plans parallèles.

Pour l'obtenir, considérant d'abord le couple (P, — P), que je suppose ramené dans sa première position sur BH, j'abaisse du point B deux perpendiculaires BG, BI sur les deux plans ZAY, ZAX; et achevant le parallélogramme BGHI, je décompose le couple (P, — P) appliqué sur la diagonale BH, en deux autres, composés de forces égales, mais appliquées respectivement sur les deux côtés HI et GH (58). Ainsi, en nommant x et y ces lignes, ou leurs égales BG et BI, le moment proposé $P \times BH$ sera décomposé en deux autres Px, Py, situés dans les plans respectifs ZAX, ZAY.

Si l'on nomme de même x' et y' les deux perpendiculaires abaissées du point d'application de la force P' sur les deux plans, le moment du couple (P', — P') pourra se décomposer dans ces deux plans en deux moments $P'x'$, $P'y'$; et ainsi de suite pour tous les couples.

Mais les moments qui sont dans le plan ZAX se réduiront à un seul L, égal à leur somme

$$Px + P'x' + P''x'' + \ldots;$$

tous ceux qui seront dans le plan ZAY se réduiront de même à un seul M égal à leur somme

$$Py + P'y' + P''y'' + \ldots,$$

et ces deux moments résultants L et M se composeront enfin en un seul G, qui sera le moment total : donc il faudra, pour l'équilibre, qu'on ait $G = 0$. Mais les deux moments L et M, étant situés dans des plans qui se coupent, ne peuvent jamais donner un moment résultant nul, à moins qu'ils ne soient nuls chacun en particulier (62); et, partant, la seconde condition générale de l'équilibre $G = 0$ exige ces deux équations : $L = 0$, $M = 0$, c'est-à-dire

$$Px + P'x' + P''x'' + \ldots = 0,$$
$$Py + P'y' + P''y'' + \ldots = 0.$$

Ce qui nous fait voir que, *pour l'équilibre d'un groupe de forces parallèles, il faut ces trois conditions particulières : que la somme de toutes les forces soit nulle, et que la somme de leurs moments, pris par rapport à deux plans qui se coupent suivant une parallèle à la direction de ces forces, soit nulle d'elle-même pour chacun de ces deux plans.*

Remarque.

83. Dans les équations précédentes, nous regarderons comme positives les forces qui tirent de bas en haut, et, par conséquent, comme négatives celles qui tirent dans le sens contraire.

Pour les signes des moments, il est clair qu'ils changent en même temps que ceux des forces. Mais, d'un autre côté, si une force telle que P, sans changer de signe, vient à agir en B' de l'autre côté du plan ZAX, elle produira un couple d'un sens contraire à celui du premier; et, par conséquent, le moment change encore de signe lorsque le seul bras de levier en change. Donc, si par rapport à un plan on regarde les bras de levier qui tombent d'un côté comme positifs, il faudra regarder ceux qui tombent de l'autre côté comme négatifs; et l'on pourra toujours dire que la somme des moments est nulle, en donnant des signes convenables aux forces et aux bras de levier.

Corollaire I.

84. Supposons que les forces P, P′, P″,... ne soient pas en équilibre, mais qu'elles aient une résultante unique R, et que, par conséquent, — R soit une force capable de leur faire équilibre. Les trois équations précédentes devront avoir lieu en y introduisant la force — R. On aura donc d'abord

$$R = P + P' + P'' + \ldots;$$

ce qui donne la valeur de la résultante.

Si l'on nomme ensuite p et q les distances respectives de cette résultante aux deux plans ZAY, ZAX, on aura

$$Rp = Px + P'x' + P''x'' + \ldots,$$
$$Rq = Py + P'y' + P''y'' + \ldots;$$

d'où, en mettant pour R sa valeur, on tire

$$p = \frac{Px + P'x' + P''x'' + \ldots}{P + P' + P'' + \ldots},$$
$$q = \frac{Py + P'y' + P''y'' + \ldots}{P + P' + P'' + \ldots},$$

ce qui donnera les distances de la résultante à deux plans, et fera connaître sa position dans l'espace; car, si l'on mène aux deux distances trouvées deux plans respectivement parallèles aux premiers, la direction de la résultante, qui se trouvera à la fois dans ces deux plans, ne sera autre chose que leur intersection même.

85. On voit que les équations précédentes nous fournissent ces deux conséquences, qu'on peut énoncer ainsi, conformément à l'usage :

La somme des moments de tant de forces parallèles que l'on voudra, par rapport à un plan quelconque parallèle à leurs directions, est égale au moment de leur résultante.

Et la distance de la résultante à ce plan est égale à la somme des moments des forces, divisée par la somme de toutes les forces.

Corollaire II

Du centre des forces parallèles.

86. Puisque le centre des forces parallèles est situé sur la direction de la résultante, il est clair que la distance de ce centre à un plan quelconque parallèle aux forces se trouvera comme la distance de la résultante à ce plan; c'est-à-dire en divisant la somme des moments, par rapport au plan, par la somme de toutes les forces.

Si l'on veut avoir ensuite la distance de ce centre à un plan quelconque, on concevra que les forces, sans changer de grandeur, sans cesser d'être parallèles et de passer aux mêmes points, soient tournées toutes parallèlement à ce nouveau plan; et l'on aura, pour cette seconde distance, la somme des nouveaux moments divisée par la somme de toutes les forces.

On fera la même opération pour un troisième plan; et si l'on mène alors aux trois distances trouvées trois plans respectivement parallèles aux trois premiers, le centre des forces, devant se trouver à la fois dans ces trois plans, sera déterminé par leur intersection.

87. Si toutes les forces étaient égales et de même sens, l'expression

$$\frac{Px + P'x' + P''x'' + \ldots}{P + P' + P'' + \ldots},$$

qui donne la distance du centre à un plan quelconque, deviendrait

$$\frac{Px + Px' + Px'' + \ldots}{P + P + P + \ldots} = \frac{x + x' + x'' + \ldots}{n},$$

n étant le nombre de forces parallèles.

Ainsi la distance du centre au plan serait égale à la somme des distances de tous les points d'application, divisée par leur nombre, ou, si l'on veut, égale à la moyenne distance de tous les points d'application : d'où l'on voit que, dans le cas où les forces sont égales, le centre des forces est un point dont la position ne dépend plus que de la figure formée par les points d'application.

III.

De l'équilibre des forces qui agissent dans un même plan suivant des directions quelconques.

88. Soient P′, P″, P‴,... (*fig.* 32) les différentes forces situées d'une manière quelconque dans un même plan. D'un point quelconque A pris dans ce plan, abaissons sur leurs directions respectives des perpendiculaires AB, AC, AD,..., qui les rencontrent en B, C, D,..., et nommons p', p'', p''',... ces perpendiculaires.

Il est clair que la force P′ pourra se décomposer en une autre égale, parallèle et de même sens, appliquée en A, et un couple dont le moment sera $P' \times AB$, ou $P'p'$. De même la force P″ se décomposera en une autre égale, parallèle et de même sens, appliquée en A, et en un couple dont le moment sera $P'' \times AC$, ou $P''p''$; et ainsi de suite pour toutes les autres forces P‴,....

Or, pour qu'il y ait équilibre, il faut que la résultante de toutes les forces appliquées en A soit nulle d'elle-même, et que le moment résultant de tous les moments $P'p'$, $P''p''$, $P'''p'''$,... soit aussi nul de lui-même.

Cette dernière condition est très-facile à exprimer; car, tous les couples étant dans un même plan, le couple résultant est égal à la somme des couples composants, et l'on a sur-le-champ

$$P'p' + P''p'' + P'''p''' + \ldots = o.$$

Pour exprimer l'autre condition, imaginons qu'on décompose les forces P', P'', P''',..., appliquées en A, chacune en deux autres, suivant deux lignes quelconques AX, AY, qui se coupent en A dans le plan des forces. Nommons X' et Y' les deux composantes de P' suivant les axes respectifs AX, AY; de même X'', Y'', X''', Y''',... les composantes analogues des autres forces P'', P''',..., suivant les mêmes axes. Toutes les forces X', X'', X''',..., étant dans une même droite AX, se composeront en une seule

$$X = X' + X'' + X''' + \ldots;$$

de même les forces Y', Y'', Y''',... se composeront en une seule

$$Y = Y' + Y'' + Y''' + \ldots,$$

et ces deux résultantes partielles se composeront en une seule R, qui sera la résultante générale. Il faudra donc, pour l'équilibre, qu'on ait $R = o$. Mais les deux forces X et Y, agissant suivant deux lignes qui se coupent, ne peuvent donner une résultante nulle, à moins qu'elles ne soient nulles elles-mêmes, chacune en particulier (37). Et, par conséquent, la condition $R = o$ exige ces deux équations : $X = 0$, $Y = 0$, c'est-à-dire

$$X' + X'' + X''' + \ldots = 0,$$
$$Y' + Y'' + Y''' + \ldots = 0.$$

Les forces P', P'', P''',..., appliquées au point A, étant parfaitement égales et parallèles aux forces primitives appliquées dans le plan, il est clair que les composantes X', Y', X'', Y'', X''', Y''',... sont, pour la quantité, parfaitement les mêmes que si l'on avait décomposé les forces primitives P', P'', P''',..., chacune en son lieu; et, par conséquent, les conditions de l'équilibre entre tant de forces que l'on voudra, situées dans un même plan, sont :

1° *Que la somme des forces décomposées parallèlement à deux axes qui se coupent dans le plan soit nulle par rapport à chacun de ces axes;*

2° *Que la somme des moments des forces, par rapport à un point quelconque du plan, soit nulle d'elle-même.*

89. Si l'on trouvait que la dernière condition a lieu par rapport à un certain point connu, et que les deux autres ont aussi lieu par rapport aux directions de deux axes connus, qu'on peut toujours supposer menés par ce point, il y aurait équilibre dans le système; et, puisqu'il y aurait équilibre, les mêmes conditions auraient lieu par rapport à tous les points et à tous les axes possibles, pris dans le plan des forces.

Corollaire.

90. Si les forces P', P'', P''' ne sont pas en équilibre entre elles, mais qu'elles soient susceptibles de se réduire à une seule R, de sorte que — R soit une force capable de les tenir en équilibre, l'équation des moments aura lieu en y introduisant la force $-$ R. Donc, en désignant par r la distance de cette force au point **A**, on aura l'équation

$$-Rr + P'p' + P''p'' + P'''p''' + \ldots = 0,$$

ou

$$Rr = P'p' + P''p'' + P'''p''' + \ldots;$$

c'est-à-dire que *le moment de la résultante, par rapport à un point quelconque du plan des forces, est égal à la somme des moments des composantes par rapport au même point*. Ce qui donne le théorème connu des moments.

Si le point par rapport auquel on prend les moments, et qu'on nomme ordinairement *le centre des moments*, tombait sur la direction même de la résultante R, la distance r serait nulle; par conséquent, le moment Rr serait nul aussi, et l'on aurait

$$0 = P'p' + P''p'' + P'''p''' + \ldots.$$

Ce qui nous fait voir que, *par rapport à un point quelconque de la direction de la résultante, la somme des moments de tant de forces que l'on voudra situées dans un même plan est toujours égale à zéro*.

Remarque.

91. Dans l'équation

$$P'p' + P''p'' + P'''p''' + \ldots = 0,$$

qui exprime la seconde condition générale de l'équilibre, il faudra distinguer les moments des couples qui agissent dans un sens d'avec les moments de ceux qui agissent dans le sens contraire, et leur donner des signes différents. Mais, pour plus de clarté et de précision, nous allons reproduire cette équation sous une autre forme.

6.

Manière plus simple de présenter les conditions précédentes.

92. Soient B′, B″, B‴,... (*fig.* 33) les points où les forces P′, P″, P‴,... sont immédiatement appliquées dans le plan. Soient x' et y' les deux coordonnées AG′ et G′B′ du point B′, par rapport aux deux axes quelconques AX, AY; x'' et y'' les deux coordonnées analogues du point B″, et ainsi de suite. Supposons que l'on décompose d'abord toutes les forces P′, P″, P‴,..., parallèlement aux deux axes AX, AY; et nommant, comme plus haut, X′ et Y′ les deux composantes de P′; X″ et Y″ les deux composantes de P″,..., ne considérons plus, au lieu des forces données P′, P″, P‴,..., que les deux groupes X′, X″, X‴,..., Y′, Y″, Y‴,....

D'abord, les forces parallèles X′, X″, X‴,..., étant transportées parallèlement à elles-mêmes dans l'axe AX, s'y composeront en une seule égale à leur somme. Les forces parallèles Y′, Y″, Y‴,..., étant transportées de même dans l'axe AY, s'y composeront aussi en une seule égale à leur somme.

Ces deux résultantes partielles se composeront en une seule appliquée en A, et par la première condition générale de l'équilibre, qui veut que cette résultante soit nulle, on aura, comme ci-dessus, les deux équations

$$X' + X'' + X''' + \ldots = 0,$$
$$Y' + Y'' + Y''' + \ldots = 0.$$

Il faut exprimer ensuite que la somme des moments des couples formés par toutes ces forces à l'égard du point A est nulle d'elle-même. Mais, en observant que l'axe AX fait avec les directions des forces Y′, Y″,...

des angles égaux entre eux et à ceux que l'axe AY forme avec les directions des forces X′, X″,..., on voit sur-le-champ qu'on peut prendre les produits $X'y'$, $X''y''$,..., $Y'x'$, $Y''x''$,... pour moments, dans la mesure relative des différents couples. Donc, puisque leur somme doit être nulle, on aura l'équation

$$X'y' + X''y'' + \ldots + Y'x' + Y''x'' + \ldots = 0.$$

Cette équation remplace la précédente (91)

$$P'p' + P''p'' + P'''p''' + \ldots = 0;$$

mais, au lieu des perpendiculaires p', p'', p''',..., qu'il faut abaisser du point A sur les directions respectives des forces, elle contient les coordonnées des points où les forces sont immédiatement appliquées dans le plan. Elle a de plus cet avantage, que les termes $X'y'$, $X''y''$, $Y'x'$,... prendront d'eux-mêmes les signes qui conviennent aux sens respectifs des couples dont ils représentent les moments, si l'on a soin de donner aux forces et aux coordonnées des signes convenables.

On pourra prendre, comme en Géométrie, les abscisses x', x'',... positives à la droite de l'origine, et, par conséquent, négatives à la gauche; les ordonnées y', y'',... positives au-dessus de l'axe des abscisses, et, par conséquent, négatives au-dessous.

Quant aux forces, il est clair que, dans chaque groupe, il faudra donner des signes contraires à celles qui agissent en sens contraires.

Mais en considérant dans le premier groupe une force telle que X″, qui tire à droite de l'axe AY, et dans le second une force telle que Y′, qui tire au-dessous de l'axe AX, il est facile de voir que ces deux forces donnent, à l'égard du point A, des couples de même sens, lorsque leurs coordonnées AH″ et AG′ ou y'' et x' sont de même signe. Donc il faudra que les forces du premier groupe, qui tirent à droite de l'axe des ordonnées, aient le même signe que les forces du second, qui tirent au-dessous de l'axe des abscisses; donc, si l'on regarde les premières comme positives, on regardera aussi les secondes comme positives; et, de cette manière, tous les moments écrits sous le même signe dans l'équation précédente prendront des signes relatifs aux sens des couples.

93. Mais si, dans le premier groupe X′, X″, X‴,..., regardant toujours comme positives les forces qui tirent à droite de l'axe des ordonnées, ou qui tendent à augmenter les abscisses de leurs points d'application, on voulait, pour la symétrie, regarder aussi comme positives, dans le second groupe Y′, Y″, Y‴,..., les forces qui tirent au-dessus de l'axe des abscisses, ou qui tendent à augmenter les ordonnées de leurs points d'application, il faudrait alors donner un signe contraire à toute la partie des moments relatifs à ce groupe; et l'équation précédente se mettrait sous cette forme :

$$X'y' + X''y'' + \ldots - Y'x' - Y''x'' - \ldots = 0.$$

Nous retiendrons désormais cette expression de préférence à la première, parce que, dans les deux groupes, les forces positives seront celles qui tendent à augmenter les coordonnées de leurs points d'application, et les forces négatives, celles qui tendent à diminuer les mêmes coordonnées.

Corollaire I.

94. Si les deux axes AX, AY (*fig.* 34) étaient à angle droit, les abscisses et les ordonnées elles-mêmes

deviendraient les bras de levier des couples, et les moments $X'y', \ldots, Y'x', \ldots$ donneraient la mesure absolue de leurs efforts. De plus, en nommant α' l'angle que fait la direction de la force P′ avec l'axe des abscisses, on aurait, pour la composante X′ parallèle à cet axe, $P' \cos\alpha'$. On aurait, pour l'autre composante, Y′, $P' \sin\alpha'$.

En nommant de même α'' l'angle de la direction de la force P″ avec l'axe des abscisses, on aurait $X'' = P'' \cos\alpha''$, $Y = P'' \sin\alpha''$, et ainsi de suite; et les équations précédentes deviendraient

$$P' \cos\alpha' + P'' \cos\alpha'' + P''' \cos\alpha''' + \ldots = o,$$

$$P' \sin\alpha' + P'' \sin\alpha'' + P''' \sin\alpha''' + \ldots = o,$$

$$\begin{aligned} P'(y' \cos\alpha' - x' \sin\alpha') &+ P''(y'' \cos\alpha'' - x'' \sin\alpha'') \\ &+ P'''(y''' \cos\alpha''' - x''' \sin\alpha''') + \ldots = o. \end{aligned}$$

Dans ces équations, on n'aurait pas besoin de faire attention aux signes des forces, mais seulement à ceux des abscisses et des ordonnées. On regarderait toutes les forces P′, P″, P‴,... comme essentiellement positives : les signes des sinus et des cosinus donneraient les signes relatifs des composantes $P' \cos\alpha', \ldots, P' \sin\alpha', \ldots$, comme cela est facile à observer, si l'on veut se donner la peine de faire parcourir une circonférence entière à la direction d'une force telle que P′ autour de son point d'application B′.

Remarque.

C'est de cette manière que l'on donne ordinairement les équations de l'équilibre pour des forces quelconques situées dans un même plan. Ces équations renferment, sous l'expression la plus simple, les premières données de la question, savoir : les quantités des forces, leurs directions, par les angles qu'elles font avec une droite fixe de position, et leurs points immédiats d'application, par leurs coordonnées rectangles. Nous aurions donc pu les présenter les premières, et même nous abstenir de considérer les autres par rapport à des axes obliques; mais, comme on les démontre quelquefois par cette considération que les deux groupes de forces sont rectangulaires entre eux, nous avons été bien aise de faire voir qu'elles ne sont qu'un cas particulier de celles qu'on trouve par rapport à des axes obliques quelconques, et que la rectangularité des forces n'y entre pour rien. Nous reviendrons encore sur cette Remarque.

Corollaire II.

95. Supposons qu'il n'y ait point équilibre entre les forces P′, P″, P‴, ..., et que ces forces soient susceptibles de se réduire à une seule R, qui sera leur résultante.

Alors les trois équations de l'équilibre auront lieu en y introduisant la force — R.

Soient donc α l'angle que fait la direction de cette force avec l'axe des abscisses; x et y les deux coordonnées d'un point quelconque de cette direction.

En faisant, pour abréger,

$$P'\cos\alpha' + P''\cos\alpha'' + P'''\cos\alpha''' + \ldots = X,$$
$$P'\sin\alpha' + P''\sin\alpha'' + P'''\sin\alpha''' + \ldots = Y,$$

et

$$P'(y'\cos\alpha' - x'\sin\alpha') + P''(y''\cos\alpha'' - x''\sin\alpha'') + P'''(y\cos\alpha''' - x'''\sin\alpha''') + \ldots = G,$$

on aura d'abord

$$X - R\cos\alpha = 0, \quad Y - R\sin\alpha = 0,$$

d'où l'on tirera, à cause de $\sin^2\alpha + \cos^2\alpha = 1$,

$$R = \sqrt{X^2 + Y^2},$$

$$\cos\alpha = \frac{X}{\sqrt{X^2 + Y^2}}, \quad \sin\alpha = \frac{X}{\sqrt{X^2 + Y^2}};$$

ce qui fera connaître la quantité de la résultante et l'angle α que sa direction fait avec l'axe des abscisses.

On aura ensuite

$$G - R(y\cos\alpha - x\sin\alpha) = 0;$$

ou bien, en mettant pour $R\cos\alpha$ et $R\sin\alpha$ leurs valeurs X et Y,

$$G - Xy + Yx = 0.$$

Comme on n'a qu'une équation pour déterminer les deux coordonnées x et y, on sera maître de prendre l'une ou l'autre à volonté. Supposant, par exemple, $x = 0$, auquel cas on demande le point où la résultante coupe l'axe des y, on aura

$$y = \frac{G}{X}.$$

Si l'on suppose $y = 0$, auquel cas on cherche la distance x du point où la direction de la résultante coupe l'axe des abscisses, on aura

$$x = -\frac{G}{Y}.$$

On aura donc tout ce qu'il faudra pour déterminer la quantité et la position de la résultante de tant de forces que l'on voudra, situées dans un même plan.

Si l'on n'a trouvé qu'une seule équation pour les deux coordonnées x et y du point d'application de la résultante, c'est que, cette résultante pouvant être appliquée à l'un quelconque des points de sa direction, il est impossible que le calcul donne l'un de ces points plutôt que l'autre. Il ne peut donc donner que leur lieu géométrique; et l'équation précédente

$$G - Xy + Yx = 0$$

est, à proprement parler, l'équation de la direction de la résultante.

Remarque.

96. Dans les trois questions I, II, III, que nous venons de traiter ci-dessus, toutes les forces étant ramenées à une seule R et à un seul couple (S, — S), il y aura toujours une résultante unique, si la force R n'est pas nulle; car la force R et le couple (S, — S) seront toujours dans un même plan ou dans des plans parallèles, et, par conséquent (**71**), se composeront toujours en une seule force. Ainsi la seule condition nécessaire pour que des forces parallèles, ou des forces situées dans un même plan, aient une résultante unique, est que la résultante de ces forces transportées parallèlement à elles-mêmes en un point quelconque ne soit pas nulle.

Si cette résultante est nulle, alors toutes les forces du système seront ramenées à un couple dont on connaîtra le plan et la grandeur, et l'on ne pourra leur faire équilibre qu'au moyen d'un couple équivalent et de sens contraire, situé dans le même plan ou dans tout autre plan parallèle.

Passons maintenant au cas le plus général.

IV.

Des conditions de l'équilibre entre tant de forces que l'on voudra, dirigées d'une manière quelconque dans l'espace.

97. Soient P', P'', P''',... (*fig.* 35) les différentes forces. D'un point A pris arbitrairement dans l'espace, menons trois axes quelconques AX, AY, AZ, qui ne soient pas dans un même plan, et décomposons chaque force en trois autres respectivement parallèles à ces axes.

Nommons X', Y', Z' les trois composantes de P'; X'', Y'', Z'' les trois composantes de P''; et ainsi de suite. Nous aurons alors, au lieu des forces P', P'', P''',..., appliquées au système, trois groupes de forces parallèles : le premier, composé des forces X', X'', X''',..., parallèles à l'axe AX; le second, composé des forces Y', Y'', Y''',..., parallèles à l'axe AY; et le troisième, composé des forces Z', Z'', Z''',..., parallèles à l'axe AZ.

Cela posé, si l'on transporte toutes ces forces parallèlement à elles-mêmes au point A, celles du premier groupe iront se réunir dans l'axe AX, et s'y composeront en une seule X égale à leur somme; celles du deuxième iront de même se réunir dans l'axe AY, et s'y composeront en une seule Y égale à leur somme; enfin, celles du troisième se réuniront dans l'axe AZ, et s'y composeront en une seule Z égale à leur somme. Maintenant ces trois résultantes partielles X, Y, Z se composeront en une seule R appliquée en A, et représentée par la diagonale du parallélépipède construit sur les trois lignes qui représenteraient ces forces en grandeur et en direction.

Or, par la première condition générale de l'équilibre, il faut que cette résultante soit nulle d'elle-même. Mais les trois forces X, Y, Z, agissant suivant des lignes qui ne sont pas dans un même plan, ne peuvent jamais donner une résultante nulle, à moins qu'elles ne soient nulles chacune en particulier (42); et, par conséquent, la condition $R = o$ exige ces trois équations particulières, $X = o$, $Y = o$, $Z = o$, c'est-à-dire

$$X' + X'' + X''' + \ldots = o,$$
$$Y' + Y'' + Y''' + \ldots = o,$$
$$Z' + Z'' + Z''' + \ldots = o.$$

Ce qui nous apprend que pour l'équilibre de tant de forces que l'on voudra, appliquées d'une manière quelconque à un corps ou système de figure invariable, il faut d'abord ces trois conditions particulières : que *la somme des forces décomposées parallèlement à trois axes quelconques soit nulle par rapport à chacun de ces axes.*

Par la seconde condition générale de l'équilibre, il faut que le couple résultant de tous les couples formés par les forces à l'égard du point A soit aussi nul de lui-même. Développons maintenant cette seconde condition.

Soit B′ le point d'application de la force P′, et, par conséquent, le point d'application des trois composantes X′, Y′, Z′; nommons x', y', z' ses trois coordonnées AC, CH, HB′, par rapport aux trois axes AX, AY, AZ. Nommons de même x'', y'', z'' les trois coordonnées du point d'application B″ des trois composantes X″, Y″, Z″; et ainsi de suite.

Considérant d'abord le groupe des forces Z′, Z″, Z‴,..., je remarque que la force Z′ appliquée en B′ a produit un couple (Z′, — Z′) appliqué sur AB′, ou bien (en concevant la force Z′ appliquée au point H où sa direction rencontre le plan YAX) a produit un couple (Z′, — Z′) appliqué sur la diagonale AH d'un parallélogramme ACHD, dont les deux côtés AC, AD sont égaux aux coordonnées x' et y'. Or ce couple peut se décomposer en deux autres composés de forces égales et parallèles aux premières, mais appliquées sur les deux côtés AC, AD, ou x', y', dans les plans respectifs XAZ, YAX (57).

Si l'on fait la même décomposition de tous les couples provenant du groupe $Z', Z'', Z''',\ldots$, dans les deux plans parallèles à ce groupe, et les décompositions semblables de tous ceux qui proviennent des deux autres groupes, par rapport aux deux plans analogues, il est manifeste que tous les couples du système seront réduits à d'autres, situés dans les trois plans coordonnés.

Or, dans chaque plan, les couples se réduiront à un seul, égal à leur somme. Ces trois couples résultants partiels se composeront en un seul, qui sera le couple résultant général, et qui devra être nul pour l'équilibre. Mais ces trois couples, étant situés dans trois plans qui forment un angle solide, ne peuvent jamais donner un couple résultant nul, à moins qu'ils ne soient nuls chacun en particulier (65); donc, pour chacun des trois plans, la somme des moments des couples doit être nulle d'elle-même.

Or, dans le plan YAZ, on trouvera d'abord les couples

$$(Z', -Z'),\quad (Z'', -Z''),\quad (Z''', -Z'''),\ldots,$$

appliqués sur les lignes respectives

$$y',\quad y'',\quad y''',\ldots;$$

ensuite les couples

$$(Y', -Y'),\quad (Y'', -Y''),\quad (Y''', -Y'''),\ldots,$$

appliqués sur les lignes respectives

$$z',\quad z'',\quad z''',\ldots.$$

Et, comme l'axe AY fait, avec les directions des forces Z', Z'', Z''',..., des angles égaux entre eux et à ceux que forme l'axe AZ avec les directions des forces Y', Y'', Y''',..., on pourra prendre les produits $Z'y'$,..., $Y'z'$,... pour moments, dans la mesure relative des couples situés dans le plan YAZ. Donc, puisque leur somme doit être nulle, on aura (93)

$$Y'z' + Y''z'' + \ldots - Z'y' - Z''y'' - \ldots = 0.$$

On trouvera de même, pour les deux autres plans,

$$Z'x' + Z''x'' + \ldots - X'z' - X''z'' - \ldots = 0,$$
$$X'y' + X''y'' + \ldots - Y'x' - Y''x'' - \ldots = 0;$$

ce qui nous fait voir que, pour l'équilibre du système, outre les trois équations trouvées ci-dessus, il nous en faut encore trois autres qui expriment que *la somme des produits des composantes parallèles au plan de deux axes, par leurs coordonnées relatives au troisième axe, doit être nulle d'elle-même pour chacun des trois plans.*

98. Dans les équations précédentes, on prendra les signes des coordonnées, comme en Géométrie, positives dans un même coin XAYZ, et négatives dans le coin opposé.

Parmi les forces, on regardera, dans chaque groupe, comme positives celles qui tendent à augmenter les coordonnées de leurs points d'application, comme négatives celles qui tendent à les diminuer (93).

Remarque.

99. Si l'on trouvait que les six équations précédentes ont lieu par rapport à trois axes particuliers non situés

dans le même plan, il y aurait équilibre dans le système, et, par conséquent, les mêmes équations auraient lieu par rapport à tous les axes possibles.

Corollaire I.

100. Si les trois axes AX, AY, AZ étaient rectangulaires entre eux, les coordonnées deviendraient les bras de levier des couples, et les produits $Z'y'$, $Y'x'$, $X'z'$,..., les expressions absolues de leurs moments.

De plus, en nommant α', β', γ' les trois angles que la direction de la force P′ fait avec les trois axes respectifs AX, AY, AZ, ou plutôt avec trois parallèles à ces axes, on aurait pour les trois composantes de P′ (45),

$$X' = P'\cos\alpha', \quad Y' = P'\cos\beta', \quad Z' = P'\cos\gamma'.$$

En nommant de même α'', β'', γ'',... les angles analogues des directions des forces P″,... avec les mêmes axes, on aurait

$$X'' = P''\cos\alpha'', \quad Y'' = P''\cos\beta'', \quad Z'' = P''\cos\gamma'', \ldots,$$

et les équations précédentes deviendraient

$$\begin{gathered}
P'\cos\alpha' + P''\cos\alpha'' + P'''\cos\alpha''' + \ldots = 0,\\
P'\cos\beta' + P''\cos\beta'' + P'''\cos\beta''' + \ldots = 0,\\
P'\cos\gamma' + P''\cos\gamma'' + P'''\cos\gamma''' + \ldots = 0,
\end{gathered}$$

$$\begin{aligned}
&P'(z'\cos\beta' - y'\cos\gamma') + P''(z''\cos\beta'' - y''\cos\gamma'')\\
&\qquad + P'''(z'''\cos\beta''' - y'''\cos\gamma''') + \ldots = 0,\\
&P'(x'\cos\gamma' - z'\cos\alpha') + P''(x''\cos\gamma'' - z''\cos\alpha'')\\
&\qquad + P'''(x'''\cos\gamma''' - z'''\cos\alpha''') + \ldots = 0,\\
&P'(y'\cos\alpha' - x'\cos\beta') + P''(y''\cos\alpha'' - x''\cos\beta'')\\
&\qquad + P'''(y'''\cos\alpha''' - x'''\cos\beta''') + \ldots = 0.
\end{aligned}$$

Remarque.

101. C'est sous cette forme que l'on présente ordinairement les six équations de l'équilibre. Elles renferment d'une manière très-simple les quantités des forces P′, P″, P‴,..., leurs points d'application, au moyen de leurs coordonnées rectangles par rapport à trois axes, et leurs directions, par les cosinus des angles qu'elles font avec ces axes.

Comme on a coutume d'attribuer aux forces rectangulaires une certaine indépendance d'effets, qui ne leur appartient pas plus qu'à celles qui agissent sous un angle quelconque, pourvu qu'il ne soit pas nul, il est bon de remarquer que les équations d'équilibre, par rapport à des axes rectangulaires, ne sont qu'une simple conséquence de celles qu'on trouve par rapport à des axes obliques quelconques, et que, par conséquent, le principe de l'indépendance entre les effets des forces rectangulaires ne doit entrer pour rien dans leur démonstration.

Observons d'ailleurs que, d'après ce principe un peu vague, on pourrait être conduit par un raisonnement très-simple à une erreur très-grossière : car, en considérant, par exemple, deux groupes de forces rectangulaires, situés dans un même plan, si l'on suppose qu'il y a indépendance entre les effets de ces deux groupes, on en conclura que, lorsque leur système est en équilibre, chaque groupe doit être en équilibre de lui-même; ce qui n'est pas vrai.

Et il en est de même dans le cas de trois groupes de forces rectangulaires dans l'espace, dont le système peut être en équilibre, sans qu'il y ait équilibre en particulier dans chaque groupe, ni même dans aucun d'eux.

Il faudrait donc, dans ces deux cas, ne faire de ce principe qu'un usage restreint, et ne considérer l'indépendance des effets que relativement aux mouvements de translation que les forces peuvent donner au système ; ou bien il faudra avoir soin de ne l'appliquer qu'au cas de deux groupes, l'un composé de forces perpendiculaires à un même plan, et l'autre de forces quelconques situées dans ce plan, auquel cas l'indépendance des effets a lieu d'une manière absolue. Mais comme cette indépendance aurait lieu tout de même, si le premier groupe tombait sur le plan du second sous un autre angle quelconque, pourvu qu'il ne fût pas nul, il s'ensuit qu'elle n'a pas lieu parce que les groupes font un angle droit, mais seulement parce qu'ils font un angle. Ainsi, dans tous les cas, le raisonnement qui prouve le principe en question, étant fondé sur ce que les forces font un angle droit, tombe de lui-même, parce qu'il n'est fondé sur rien.

Corollaire II.

102. On peut donner aux trois dernières équations de l'équilibre une forme plus simple, en y introduisant, à la place des coordonnées des points d'application, les plus courtes distances des directions des forces aux trois axes rectangulaires.

En effet, dans la première équation, à la place du terme $P'(z'\cos\beta' - y'\cos\gamma')$, qui exprime la somme des moments des deux forces $P'\cos\beta'$, $P'\cos\gamma'$, par rapport au point où leur plan irait couper l'axe des x, on peut en substituer un autre qui exprime le moment de leur résultante par rapport au même point (90).

Les deux forces $P'\cos\beta'$, $P'\cos\gamma'$ étant rectangulaires entre elles, on a pour le carré de leur résultante

$$P'^2\cos^2\beta' + P'^2\cos^2\gamma' \quad \text{ou} \quad P'^2(\cos^2\beta' + \cos^2\gamma'),$$

ou bien (à cause de $\cos^2 \alpha' + \cos^2 \beta' + \cos^2 \gamma' = 1$),

$$P'^2(1 - \cos^2\alpha'), \quad \text{c'est-à-dire} \quad P'^2 \sin^2\alpha'.$$

La résultante est donc $P' \sin \alpha'$. La distance de cette résultante à l'axe des x étant nommée p', on aura, pour son moment, $P'p' \sin \alpha'$, qui remplace le terme $P'(z' \cos \beta' - y' \cos \gamma')$; on aura, de même, $P''p'' \sin \alpha''$,..., à la place des termes suivants de la première équation, en désignant par p'',... les distances respectives des résultantes analogues à la première, par rapport à l'axe des x.

La première équation sera donc mise sous cette forme :

$$P'p' \sin \alpha' + P''p'' \sin \alpha'' + P'''p''' \sin \alpha''' + \ldots = 0.$$

Or il est visible que p', p'', p''',... ne sont autre chose que les plus courtes distances des forces P', P'', P''',... à l'axe des x; car la force $P' \sin \alpha'$, qui est située dans un plan perpendiculaire à cet axe, étant composée avec la force $P' \cos \alpha'$, perpendiculaire au même plan, devrait donner pour résultante la force P' qui est dans l'espace. La force $P' \sin \alpha'$ n'est donc autre chose que la projection de la force P' sur un plan perpendiculaire à l'axe des x; et, par conséquent, la plus courte distance p' de cette projection à l'axe des x n'est autre chose que la plus courte distance de la force P' au même axe.

Si l'on désigne par q', q'', q''',... et par r', r'', r''',... les plus courtes distances des forces P', P'', P''',... aux axes respectifs des y et des z, on trouvera de même, pour les deux autres équations,

$$P'q' \sin \beta' + P''q'' \sin \beta'' + P'''q''' \sin \beta''' + \ldots = 0,$$
$$P'r' \sin \gamma' + P''r'' \sin \gamma'' + P'''r''' \sin \gamma''' + \ldots = 0.$$

103. La projection d'une force sur un plan, multipliée par sa distance à un axe perpendiculaire au plan, est ce qu'on nomme ordinairement *le moment* de la force par rapport à l'axe ; et de cette manière on énonce ainsi les trois équations précédentes de l'équilibre :

La somme des moments des forces doit être nulle, par rapport à chacun des trois axes, dans le cas de l'équilibre.

Corollaire III.

104. Si dans les six équations de l'équilibre on veut supposer que les forces P′, P″, P‴,... sont toutes parallèles, ou toutes situées dans un même plan, etc., etc., et qu'on mette à la place des coordonnées x', y', z', ..., et des angles α', β', γ',..., les valeurs qui conviennent à ces suppositions, on retombera sur les équations d'équilibre précédemment trouvées pour ces différents cas, et l'on en tirera les mêmes conséquences.

105. Si l'on suppose, par exemple, que les directions des forces P′, P″, P‴,... concourent toutes au même point, et qu'on ait pris ce point pour l'origine des coordonnées, les cosinus des angles α', β', γ',... seront proportionnels aux coordonnées respectives x', y', z',... des points d'application ; de sorte que l'on aura

$$x' : y' :: \cos\alpha' : \cos\beta', \quad x' : z' :: \cos\alpha' : \cos\gamma' \ldots;$$

ou

$$\begin{aligned} y' \cos\alpha' - x' \cos\beta' &= 0, \\ x' \cos\gamma' - z' \cos\alpha' &= 0, \\ \ldots\ldots\ldots\ldots\ldots\ldots \end{aligned}$$

Les trois dernières équations de l'équilibre disparaîtront donc d'elles-mêmes, et l'on n'aura plus que les trois premières, qui nous font voir que, *pour l'équilibre d'un système de forces dont les directions concourent toutes vers un même point, il est nécessaire et il suffit que la somme des forces décomposées suivant trois axes soit égale à zéro par rapport à chacun de ces axes;* et c'est ce que l'on savait d'ailleurs immédiatement.

Si l'on suppose que les forces P′, P″, P‴,... ne forment ensemble que des couples, comme alors chaque force P′, inclinée sur l'axe des x d'un certain triangle α', aura dans le système son égale, mais inclinée au même axe de l'angle $200° + \alpha'$, il n'y aura pas de terme $P' \cos \alpha'$ qui ne trouve son égal et contraire dans la première équation de l'équilibre; et la même chose aura lieu dans les deux autres. Ainsi les trois premières équations disparaîtront d'elles-mêmes, et l'on n'aura plus que les trois dernières; d'où il résulte que, *pour l'équilibre de tant de couples qu'on voudra appliqués sur un corps, il est nécessaire et il suffit que la somme de ces couples décomposés perpendiculairement à trois axes soit égale à zéro par rapport à chacun de ces axes :* ce qui était d'ailleurs aussi clair que la proposition précédente.

Corollaire IV.

Recherche de la résultante de toutes les forces P′, P″, P‴,..., *lorsque ces forces ne sont pas en équilibre et qu'elles sont susceptibles de se réduire à une seule.*

106. Supposons qu'il n'y ait point équilibre entre les forces P′, P″, P‴,...; et soit, s'il est possible, la force $-R$ capable de leur faire équilibre, et, par conséquent, R leur résultante.

Les six équations précédentes devront avoir lieu en y faisant entrer la force $-$ R.

Soient donc α, β, γ les trois angles que forme la direction de la résultante avec les trois axes cobrdonnés. En faisant, pour abréger,

$$P'\cos\alpha' + P''\cos\alpha'' + P'''\cos\alpha''' + \ldots = X,$$
$$P'\cos\beta' + P''\cos\beta'' + P'''\cos\beta''' + \ldots = Y,$$
$$P'\cos\gamma' + P''\cos\gamma'' + P'''\cos\gamma''' + \ldots = Z,$$

on aura d'abord ces trois équations :

$$X - R\cos\alpha = 0, \quad Y - R\cos\beta = 0, \quad Z - R\cos\gamma = 0;$$

d'où l'on tire, en observant qu'on a

$$\cos^2\alpha + \cos^2\beta + \cos^2\gamma = 1,$$
$$R = \sqrt{X^2 + Y^2 + Z^2}$$

pour la quantité de la résultante. On aura ensuite, pour les angles α, β, γ que sa direction fait avec les trois axes,

$$\cos\alpha = \frac{X}{\sqrt{X^2 + Y^2 + Z^2}},$$
$$\cos\beta = \frac{Y}{\sqrt{X^2 + Y^2 + Z^2}},$$
$$\cos\gamma = \frac{Z}{\sqrt{X^2 + Y^2 + Z^2}}.$$

En second lieu, nommant x, y, z les trois coordonnées de l'un quelconque des points de cette direction, et faisant, pour abréger,

$$P'(z'\cos\beta' - y'\cos\gamma') + P''(z''\cos\beta'' - y''\cos\gamma'') + P'''(z'''\cos\beta''' - y'''\cos\gamma''') + \ldots = L,$$
$$P'(x'\cos\gamma' - z'\cos\alpha') + P''(x''\cos\gamma'' - z''\cos\alpha'') + P'''(x'''\cos\gamma''' - z'''\cos\alpha''') + \ldots = M,$$
$$P'(y'\cos\alpha' - x'\cos\beta') + P''(y''\cos\alpha'' - x''\cos\beta'') + P'''(y'''\cos\alpha''' - x'''\cos\beta''') + \ldots = N,$$

on aura

$$L - R(z\cos\beta - y\cos\gamma) = o,$$
$$M - R(x\cos\gamma - z\cos\alpha) = o,$$
$$N - R(y\cos\alpha - x\cos\beta) = o,$$

ou bien

$$L - Yz + Zy = o,$$
$$M - Zx + Xz = o,$$
$$N - Xy + Yx = o.$$

Or, si l'on élimine, entre ces trois équations, deux des inconnues x, y, z, on arrivera à cette équation

$$XL + YM + ZN = o,$$

qui ne contient plus d'inconnue, et qui exprime la relation qui doit avoir lieu entre les résultantes partielles X, Y, Z et les trois moments résultants partiels L, M, N, pour que les trois équations précédentes puissent subsister à la fois, et, par conséquent, pour que toutes les forces du système puissent avoir une résultante.

107. Si cette équation de condition a lieu, les valeurs des trois coordonnées x, y, z se présenteront sous la forme $\frac{o}{o}$, parce que, la résultante pouvant être appliquée à tel point de sa direction qu'on voudra, il est impossible que le calcul détermine l'un de ces points plutôt que tout autre. Il ne peut donc donner que leur lieu géométrique, et les trois équations précédentes ne sont autre chose que les équations des trois projections de la résultante sur les plans coordonnés. Par conséquent, l'une de ces équations est une suite nécessaire des deux autres, et l'on n'a, à proprement parler, que deux équations entre les trois indéterminées x, y, z ; d'où il suit qu'elles doivent se présenter sous la forme de $\frac{o}{o}$.

108. On se donnera donc à volonté l'une de ces trois quantités, et l'on déterminera alors les deux autres au moyen des équations précédentes.

Si l'on suppose, par exemple, $x = 0$, auquel cas on demande le point où la direction de la résultante traverse le plan vertical YAZ, on aura, pour les deux coordonnées de ce point,

$$y = \frac{N}{X}, \quad z = \frac{-M}{X}.$$

Si l'on suppose $y = 0$, on aura

$$x = \frac{-N}{Y}, \quad z = \frac{L}{Y}.$$

Si l'on suppose $z = 0$, on aura

$$x = \frac{M}{Z}, \quad y = \frac{-L}{Z};$$

c'est-à-dire qu'en considérant le point où la direction de la résultante coupe le plan de deux axes, les distances respectives de ce point à ces deux axes se trouvent en divisant les sommes respectives des moments des forces par rapport à ces axes par la somme des forces estimées suivant le troisième.

On aura donc, d'après ce que nous venons de dire, tout ce qu'il faudra pour déterminer la quantité de la résultante et sa position dans l'espace, si toutes les forces appliquées au système sont susceptibles de se réduire à une seule; et cela aura toujours lieu, si l'équation de condition $XL + YM + ZN = 0$ est satisfaite, pourvu que les trois résultantes X, Y, Z ne soient pas nulles à la fois; car, si ces trois forces sont nulles, il est clair que les forces P', P'', P''',... seront réduites aux trois couples représentés en grandeur par L, M, N, lesquels ne peuvent jamais se réduire qu'à un autre couple.

C'est ce que le calcul précédent aurait pu aussi nous indiquer, quoique d'une manière un peu obscure : et en effet, dans le cas de X, Y, Z nulles à la fois, on trouverait, par les équations ci-dessus, que les points de rencontre de la résultante avec les plans coordonnés sont tous trois à une distance infinie de l'origine. Or c'est ce qui ne peut plus s'expliquer en Géométrie; car, pour imaginer une droite qui rencontre à l'infini les trois plans coordonnés, il faudrait imaginer une droite qui fût à la fois parallèle à trois plans qui ne se coupent qu'en un point, ce qui est absurde : d'où l'on voit que l'hypothèse d'une résultante unique est alors impossible.

Corollaire V.

Réduction générale des forces.

109. Mais, dans tous les cas, on peut réduire toutes les forces appliquées au système à une seule passant par l'origine, et à un couple dont il est facile de déterminer le plan et la quantité : réduction qui ne laisse de nuage dans aucun cas.

En effet, on aura pour la résultante R des forces transportées à l'origine,

$$R = \sqrt{X^2 + Y^2 + Z^2},$$

et pour les trois angles α, β, γ que sa direction forme avec les trois axes,

$$\cos\alpha = \frac{X}{R}, \quad \cos\beta = \frac{Y}{R}, \quad \cos\gamma = \frac{Z}{R}.$$

En second lieu, L, M, N représentant respectivement

les trois couples résultants, situés dans les trois plans perpendiculaires aux axes des x, y, z, si l'on nomme G le moment du couple résultant, on aura pour sa quantité

$$G = \sqrt{L^2 + M^2 + N^2},$$

et pour les angles λ, μ, ν, qu'une perpendiculaire au plan de ce couple, ou que l'*axe* du couple forme avec les trois axes respectifs des x, y, z,

$$\cos\lambda = \frac{L}{G}, \quad \cos\mu = \frac{M}{G}, \quad \cos\nu = \frac{N}{G}.$$

Corollaire VI.

110. Si l'on voulait exprimer directement que toutes les forces P′, P″, P‴,... ont une résultante unique, d'après ce que nous avons vu dans le premier Chapitre (71), il faudrait exprimer que la résultante R et le couple résultant sont dans des plans parallèles, ou, ce qui est la même chose, que l'axe du couple est perpendiculaire à la direction de la résultante.

Or, α, β, γ étant trois angles de la direction de la force R, avec les trois axes x, y, z, et λ, μ, ν les angles analogues que l'axe du couple fait avec les mêmes lignes, on sait par la Géométrie (*) que ces deux droites seront rectangulaires dans l'espace, si l'on a

$$\cos\alpha\cos\lambda + \cos\beta\cos\mu + \cos\gamma\cos\nu = 0.$$

Donc, en mettant à la place des cosinus leurs valeurs trouvées ci-dessus, et multipliant toute l'équation par RG, on aura

$$XL + YM + ZN = 0,$$

comme nous l'avons trouvé plus haut.

(*) *Voir* ci-après n° 113.

Il faut toujours sous-entendre que la force R n'est pas nulle, ou qu'on a

$$\sqrt{X^2 + Y^2 + Z^2} > 0,$$

inégalité qui exige simplement que les trois forces X, Y, Z ne soient pas nulles à la fois.

Ainsi cette condition, que le calcul nous avait offerte dans la recherche de la résultante générale, n'est autre chose que l'expression de celle que nous avions trouvée directement dans le premier Chapitre, pour que des forces qui ne se font pas équilibre puissent toujours se composer en une seule.

Remarque.

111. Pour exprimer que des forces quelconques sont susceptibles de se réduire à une seule, on avait donné ces trois équations *déterminées*

$$(\mathrm{A}) \quad \begin{cases} X(Y'z' +) - Y(X'z' +) = 0, \\ Y(Z'x' +) - Z(Y'x' +) = 0, \\ Z(X'y' +) - X(Z'y' +) = 0, \end{cases}$$

qui ne sont pas, comme on voit, celles de la direction de la résultante (106), mais où X, Y, Z ont les mêmes valeurs, et où je désigne, pour abréger, la somme des produits $Y'z'$, $Y''z''$,... par $(Y'z' +)$; et ainsi des autres.

Mais ces trois équations sont à la fois insuffisantes et trop nombreuses; elles peuvent avoir lieu toutes trois sans qu'il y ait une résultante unique, et il peut y avoir une résultante unique sans qu'elles aient lieu toutes trois, ni même aucune d'elles.

Cela paraît assez clairement à l'inspection même de ces equations comparées à l'équation unique que nous venons de donner; mais on peut encore s'en rendre compte en suivant le raisonnement d'après lequel on les trouve, et en examinant ce qu'elles signifient.

En effet, après avoir réduit toutes les forces appliquées au système à trois groupes de forces parallèles aux trois axes coordonnés, et ces trois groupes à trois résultantes partielles X, Y, Z, parallèles aux mêmes axes, on suppose que ces trois forces doivent se rencontrer en un même point, pour qu'elles puissent se composer en une seule; et pour cela, on exprime que les résultantes partielles prises deux à deux sont à égales distances du plan qui leur est parallèle; ce qui donne les trois équations (A), au moyen desquelles les trois forces doivent en effet concourir au même point, et, par conséquent, se composer en une seule.

Mais, d'abord, on omet le cas où les trois groupes ne pourraient pas se réduire respectivement à de simples forces, mais se réduiraient à des couples : alors, les trois résultantes partielles étant nulles, les trois équations de condition seraient satisfaites, et pourtant il n'y aurait pas de résultante unique, mais bien un couple résultant. Ainsi ces trois équations sont insuffisantes.

D'un autre côté, elles exigent trop; car, en supposant que les trois groupes se réduisent à trois simples forces, on voit qu'il n'est pas nécessaire, pour qu'elles puissent se composer en une seule, qu'elles se rencontrent toutes trois en un même point : il suffirait simplement que deux d'entre elles se rencontrassent, et que la troisième allât rencontrer quelque part la direction de leur résultante. Mais, ce qui est plus remarquable, cela même n'est pas nécessaire; car les trois forces X, Y, Z peuvent se réduire à une seule, sans qu'il y ait aucune rencontre entre leurs directions dans l'espace : c'est ce qu'on a vu directement au n° 75.

Si l'on veut voir la même chose par notre analyse, soient a la plus courte distance de Y à Z, b celle de Z à X, et c celle de X à Y; et pour simplifier, prenons l'axe des x suivant la droite a, et celui des z suivant la force Z. On trouvera dans cette hypothèse $L = 0$, $M = -Xc$ et $N = Xb - Ya$; et l'équation de condition

$$XL + YM + ZN = 0$$

deviendra

$$XYc - XZb + YZa = 0.$$

Or il est évident qu'on peut trouver trois forces X, Y, Z dans une infinité de proportions différentes, qui satisfassent à cette équation, et qui, par conséquent, aient une résultante unique, quelles que soient les distances mutuelles a, b, c de leurs directions dans l'espace.

Et comme on n'a qu'une seule équation, on voit même qu'on peut se donner à volonté deux de ces forces, et déterminer ensuite la troisième en conséquence de cette équation.

Qu'on suppose, par exemple, les deux forces X et Z représentées par les lignes a et c; on trouvera que la troisième force Y doit être représentée par la moitié de b. Ainsi voilà trois forces, entre autres, qui sont situées en trois arêtes, deux à deux non parallèles et non contiguës, d'un même rhomboïde rectangle, et qui pourtant ont une résultante unique; et il est même aisé de voir que cette résultante passe au milieu de la plus courte distance b qui sépare les forces X et Z proportionnelles aux lignes a et c.

On peut faire une foule d'autres exemples; il suffit de ne pas se donner deux forces dans le rapport particulier qui, d'après l'équation précédente, rendrait la troisième force infinie.

Au reste, ce qu'on vient de dire pour trois forces rectangulaires dans l'espace s'appliquerait de même à trois forces parallèles à trois axes obliques quelconques; car, relativement à ces axes obliques, si l'on cherchait par la même analyse qu'au n° **106** la condition générale d'une résultante unique, on trouverait une équation toute semblable à la précédente, et qui, pour le cas de nos trois forces, donnerait également

$$XYc - XZb + YZa = 0;$$

d'où l'on tirerait les mêmes conséquences, en observant que, dans cette équation, a, b, c ne représentent plus les distances mutuelles des trois forces obliques X, Y, Z, mais trois lignes dont chacune va de l'une à l'autre force parallèlement à la troisième.

Si des trois lignes a, b, c, il y en avait deux nulles, sans que la troisième le fût, l'équation précédente serait réduite à un seul terme, qu'on ne pourrait rendre nul, sans faire quelqu'une des trois forces égale à zéro : d'où il résulte que, si trois forces finies sont situées de manière que la direction de l'une d'elles rencontre les directions des deux autres qui ne sont point en même plan, ces trois forces ne sont jamais réductibles à une seule; résultat qui s'accorde avec ce qu'on a dit à la fin du n° **75**.

On voit donc, pour revenir à notre objet, que des trois équations (A) qu'on avait données avant notre théorie, il n'y en a aucune qui soit nécessaire pour la condition qu'on avait en vue, et qu'elles sont tout à fait étrangères à la question dont il s'agit. Mais il y a encore une autre remarque assez curieuse à faire sur ces équations.

Si on les ajoute ensemble, ce qui est assez naturel à cause de leur symétrie, et ce que l'auteur même avait fait, il arrive que la somme de ces trois équations revient précisément à la nôtre $XL + YM + ZN = 0$. Ainsi l'on avait rencontré par hasard la véritable équation du problème, et il est clair qu'on ne s'en était point aperçu; car on aurait vu sans doute que, la somme des trois quantités pouvant être nulle d'une infinité de manières, sans qu'aucune d'elles le soit en particulier, il pouvait y avoir une résultante unique, sans qu'aucune des trois équations regardées comme nécessaires fût satisfaite; d'où l'on aurait conclu qu'elles n'étaient pas nécessaires, et qu'il fallait les supprimer avec l'analyse défectueuse qui y avait conduit. Mais, avant notre théorie, on ne savait pas précisément en quoi consistait la condition générale d'une résultante unique.

Quoiqu'on ait depuis rectifié cette analyse par celle que j'ai donnée (106), je n'ai pas cru cette petite discussion inutile, non-seulement parce qu'elle éclaire un point important de la composition des forces, et qu'elle fait voir la fausse supposition sur laquelle on s'appuyait, mais parce que ce paralogisme subsiste encore, et s'est reproduit jusqu'ici dans un Ouvrage célèbre où l'auteur des équations (A) paraît l'avoir emprunté.

Corollaire VII.

112. Lorsqu'on a les trois équations $L = 0$, $M = 0$, $N = 0$, le moment G du couple résultant est nul, et les forces appliquées au système se réduisent à une seule R dont la direction passe par l'origine.

Et comme le moment G ne peut être nul, à moins que les trois moments résultants partiels L, M, N ne soient nuls à la fois, il s'ensuit que, si l'on voulait exprimer que des forces quelconques se réduisent à une seule qui passe en un point donné, il faudrait, en supposant qu'on ait pris ce point pour origine, poser les trois équations $L = o$, $M = o$, $N = o$.

Remarque.

113. Nous terminerons cet article général par un théorème important sur la manière d'estimer les forces suivant une direction donnée, et leurs moments par rapport à un axe donné, lorsque l'on connaît déjà ces forces et leurs moments estimés par rapport à trois axes rectangulaires.

Mais démontrons d'abord la proposition sur laquelle on s'appuie au nº **110**, et dont nous nous servirons encore ici.

Soient deux droites situées d'une manière quelconque dans l'espace. Nommons α, β, γ les trois angles que fait la première avec les trois axes coordonnés; λ, μ, ν les angles analogues de la seconde avec les mêmes axes : je dis qu'on aura, pour l'angle θ que ces deux droites forment entre elles,

$$\cos\theta = \cos\alpha\cos\lambda + \cos\beta\cos\mu + \cos\gamma\cos\nu.$$

En effet, transportons, pour plus de simplicité, nos deux droites parallèlement à elles-mêmes jusqu'à l'origine : les angles α, β, γ, λ, μ, ν et l'angle θ ne changeront pas. Prenons sur la première, à partir de l'origine, une longueur arbitraire d, dont l'extrémité aura pour coordonnées x, y, z. Prenons de même sur la seconde une autre longueur quelconque D, dont l'extrémité aura pour coordonnées X, Y, Z. Si l'on joint ces deux extrémités par une droite H, on aura un triangle dont les trois côtés seront d, D et H; et puisque θ est l'angle compris entre les deux premiers, on aura, comme on le sait,

$$\mathrm{H}^2 = d^2 + \mathrm{D}^2 - 2d\mathrm{D}\cos\theta;$$

mais on a

$$d^2 = x^2 + y^2 + z^2,$$
$$D^2 = X^2 + Y^2 + Z^2,$$

et

$$\Delta^2 = (x - X)^2 + (y - Y)^2 + (z - Z)^2.$$

Substituant dans la première équation, réduisant et dégageant $\cos\theta$, il vient

$$\cos\theta = \frac{xX + yY + zZ}{dD},$$

ou bien

$$\cos\theta = \frac{x}{d}\frac{X}{D} + \frac{y}{d}\frac{Y}{D} + \frac{z}{d}\frac{Z}{D};$$

mais on a évidemment

$$\frac{x}{d} = \cos\alpha, \quad \frac{y}{d} = \cos\beta, \quad \frac{z}{d} = \cos\gamma,$$

et de même

$$\frac{X}{D} = \cos\lambda, \quad \frac{Y}{D} = \cos\mu, \quad \frac{Z}{D} = \cos\nu.$$

Donc

$$\cos\theta = \cos\alpha\cos\lambda + \cos\beta\cos\mu + \cos\gamma\cos\nu.$$

Si l'on veut exprimer que les deux droites d et D sont rectangulaires entre elles, il faut poser $\cos\theta = 0$, et, par conséquent,

$$\cos\alpha\cos\lambda + \cos\beta\cos\mu + \cos\gamma\cos\nu = 0;$$

ce que nous avions supposé au n° 110.

114. Actuellement changeons les lettres λ, μ, ν en α' β', γ', et considérons une force R dirigée suivant la première droite. Cette force, estimée suivant la seconde, ou projetée sur elle, donnera pour sa projection, que je nomme R', $R' = R \cos\theta$, et, par conséquent,

$$R' = R\cos\alpha\cos\alpha' + R\cos\beta\cos\beta' + R\cos\gamma\cos\gamma'.$$

Mais $R\cos\alpha$, $R\cos\beta$, $R\cos\gamma$ expriment les trois composantes de la force R suivant les trois axes ; donc, si l'on nomme X, Y, Z ces composantes, on aura plus simplement

$$R' = X\cos\alpha' + Y\cos\beta' + Z\cos\gamma'.$$

Ce qui nous fait voir que, *pour estimer suivant une direction différente de la sienne une force dont on connaît déjà les composantes suivant trois axes rectangulaires, on n'a qu'à prendre la somme de ces composantes multipliées respectivement par les cosinus des angles qu'elles forment avec la direction nouvelle.*

C'est ainsi qu'en Géométrie, pour projeter une ligne sur un axe quelconque, on peut d'abord projeter cette ligne sur trois axes rectangulaires, projeter ensuite ces trois projections sur l'axe donné, et ajouter ensemble ces projections de projections.

115. Pareillement, si l'on considère un couple dont le moment soit représenté par une partie G prise sur son axe, et que ce moment décomposé par rapport à trois axes rectangulaires donne les moments respectifs L, M, N, on voit, comme ci-dessus, que pour estimer le moment G par rapport à un axe nouveau qui forme, avec les trois premiers, des angles λ', μ', ν', il n'y aura qu'à prendre la somme des moments composants L, M, N multipliés par les cosinus respectifs de ces angles ; de sorte qu'en nommant G' la valeur relative du moment G on aura

$$G' = L\cos\lambda' + M\cos\mu' + N\cos\nu';$$

d'où il résulte que *la somme des moments de tant de forces que l'on voudra, par rapport à un axe quelconque, est égale aux sommes de leurs moments, par rapport à trois axes rectangulaires, multipliées respectivement par les cosinus des angles que ces trois axes font avec le nouvel axe donné*. Ce qui est un théorème tout semblable au précédent.

DES CONDITIONS DE L'ÉQUILIBRE LORSQUE LE CORPS OU SYSTÈME SUR LEQUEL LES FORCES AGISSENT N'EST PAS ENTIÈREMENT LIBRE DANS L'ESPACE, MAIS SE TROUVE GÊNÉ PAR DES OBSTACLES.

Nous allons examiner trois cas principaux auxquels il est facile de ramener tous les autres, comme on pourra le voir par la suite.

I.

De l'équilibre d'un corps qui n'a que la liberté de tourner en tous sens autour d'un point fixe.

Les six équations de l'équilibre d'un corps ou système libre sont, comme nous l'avons trouvé ci-dessus,

$$X = 0,\quad Y = 0,\quad Z = 0,$$
$$L = 0,\quad M = 0,\quad N = 0.$$

116. Supposons maintenant qu'il y ait un point fixe dans le système, et qu'on l'ait pris pour l'origine des coordonnées. Il est clair qu'il pourrait alors y avoir équilibre sans que ces six équations fussent satisfaites; car, quoique le point fixe soit par lui-même incapable de produire le moindre effort, il peut néanmoins anéantir ceux des puissances dont la résultante irait y aboutir, et par là tenir lieu de nouvelles forces dans le système.

Mais, quelles que soient les forces dont un point fixe puisse tenir lieu par sa résistance, il est bien manifeste qu'elles doivent toutes passer par ce même point; que, par conséquent, on peut toujours les y concevoir comme composées en une seule, et imaginer ainsi, à la place du point fixe, une force unique r qui remplace sa résistance, et considérer alors le système comme parfaitement libre dans l'espace.

Les six équations précédentes devront donc avoir lieu si l'on y introduit la nouvelle force r.

Or cette force, étant immédiatement appliquée à l'origine, fournira trois nouvelles composantes, x, y, z dans les trois axes et ne fournira aucun couple nouveau dans les trois plans. Les six équations de l'équilibre seront donc

$$X + \mathrm{x} = 0, \quad Y + \mathrm{y} = 0, \quad Z + \mathrm{z} = 0,$$
$$L = 0, \quad M = 0, \quad N = 0.$$

Les trois résultantes partielles X, Y, Z pourront donc avoir telles valeurs qu'on voudra; car, en supposant la résistance du point fixe indéfinie dans tous les sens, les trois forces x, y, z prendront telles valeurs et tels signes qu'on voudra, et, s'égalant toujours, en quelque sorte, aux trois forces contraires X, Y, Z, appliquées au même point, rendront toujours les trois premières équations satisfaisantes.

Mais il faudra que les trois moments résultants partiels L, M, N soient toujours nuls d'eux-mêmes, ce qui nous fait voir que, *pour l'équilibre d'un corps qui n'a que la liberté de tourner autour d'un point fixe, il est nécessaire et il suffit que la somme des moments des forces par rapport à trois axes rectangulaires menés par ce point soit nulle d'elle-même relativement à chacun de ces trois axes.*

117. Lorsque toutes les forces appliquées au corps sont parallèles, on peut mener par le point fixe deux plans parallèles à leurs directions, et décomposer tous les couples dans ces deux plans. Il suffit donc alors, pour l'équilibre du système, que la somme des moments soit nulle par rapport à deux axes perpendiculaires à ces plans.

Lorsque toutes les forces sont dans un même plan avec le point fixe, tous les couples à l'égard de ce point sont aussi dans ce plan; et il suffit alors que la somme des moments soit nulle par rapport à un seul axe perpendiculaire à ce point.

Remarque.

118. Nous savons que les trois équations $L = o$, $M = o$, $N = o$, qui assurent, dans le cas général, l'équilibre du système, expriment d'une autre manière (**112**) que les forces appliquées doivent avoir une résultante unique qui passe par le point fixe. Donc, si l'on avait voulu partir de cette conséquence comme principe, c'est-à-dire regarder d'abord comme évident que les forces appliquées ne peuvent se faire équilibre autour du point fixe, à moins qu'elles n'aient une résultante unique dirigée vers ce point, on en aurait conclu réciproquement que l'on doit avoir pour l'équilibre les trois équations $L = o$, $M = o$, $N = o$; ce qui nous aurait conduits au même résultat.

Corollaire.

De la pression exercée par les forces sur le point fixe.

119. Quoique nous ayons supposé le point fixe susceptible d'une résistance indéfinie en tous sens, cependant, lorsque des forces données se font actuellement équilibre sur cet appui, il n'a besoin que d'une certaine résistance déterminée. Cette résistance actuelle, prise en sens contraire, est ce que l'on nomme *la pression* qu'il éprouve de la part des forces du système.

Ainsi, pour calculer cette pression, on n'aura qu'à déterminer la force $-r$. Mais l'on a, par les équations ci-dessus, pour ses trois composantes $-x$, $-y$, $-z$ dans les trois axes,

$$-x = X, \quad -y = Y, \quad -z = Z;$$

d'où il suit que *la pression est égale à la résultante de toutes les forces du système, transportées parallèlement à elles-mêmes au point fixe.*

Et c'est ce qu'il était facile de reconnaître d'abord; car le point fixe ne peut être pressé que par les forces qui s'y sont transportées parallèlement à elles-mêmes, et par les couples qu'elles ont formés à l'égard de ce point; mais puisque ces couples doivent être en équilibre d'eux-mêmes, c'est-à-dire seraient en équilibre quand bien même le corps serait entièrement libre, il s'ensuit qu'ils ne peuvent nullement charger le point fixe, et que, par conséquent, ce point n'est pressé que par la résultante des premières forces.

II.

De l'équilibre d'un corps qui n'a d'autre liberté que celle de tourner autour de la ligne qui joint deux points fixes.

120. Soient A et B (*fig.* 36) les deux points fixes. Prenons AB pour l'un des trois axes, pour celui des abscisses par exemple, et le point fixe A pour l'origine.

Quelles que soient les forces dont chacun des points fixes puisse tenir lieu par sa résistance, on peut toujours les concevoir comme réduites à deux forces r et r' immédiatement appliquées à ces points, et, substituant ainsi à la place des deux points A et B les deux forces respectives r et r' qui remplacent leurs résistances actuelles, considérer le système comme parfaitement libre dans l'espace.

Les six équations de l'équilibre doivent donc avoir lieu en y introduisant les deux nouvelles forces r et r'.

Or la force r, immédiatement appliquée à l'origine A, donnera trois composantes x, y, z dans les axes, et ne donnera aucun couple dans les plans.

La force r', appliquée en B, donnera trois composantes x′, y′, z′, la première dans l'axe des abscisses, les deux autres dans les plans respectifs XY, XZ. La force x′ qui tombe dans l'axe des abscisses, étant transportée à l'origine, donnera un couple nul; mais les deux forces y′ et z′, transportées à l'origine, donneront deux couples dans les plans respectifs XY, XZ adjacents à l'axe de rotation; et les moments de ces couples seront (en faisant $AB = a$) $y'a$, $z'a$.

Les équations de l'équilibre seront donc

$$X + x + x' = 0, \quad Y + y + y' = 0, \quad Z + z + z' = 0,$$
$$L = 0, \quad M + z'a = 0, \quad N - y'a = 0.$$

Les cinq quantités X, Y, Z, M, N pourront donc avoir telles valeurs qu'on voudra ; car, en supposant la résistance des deux points fixes indéfinie en tous sens, les quantités x, y, z, x', y', z' auront telles valeurs et tels signes qu'on voudra, et les trois premières équations, ainsi que les deux dernières, seront toujours satisfaites.

Mais il faudra qu'on ait toujours, pour les seules forces appliquées au système, l'équation $L = 0$: ce qui nous apprend que *les conditions de l'équilibre d'un corps assujetti à tourner autour d'un axe fixe se réduisent à ce que la somme des moments des forces estimés par rapport à cet axe soit nulle d'elle-même.*

Remarque.

121. Si les deux points A et B n'étaient pas arrêtés en tous sens, mais pouvaient couler ensemble dans la direction AB, comme si on les supposait unis entre eux et renfermés dans un canal infiniment étroit AB, leurs résistances x et x' dans le sens de l'axe des abscisses seraient nulles d'elles-mêmes, et l'on aurait encore l'équation $X = 0$; de manière que, lorsque le corps a la liberté de se mouvoir dans le sens de l'axe de rotation, outre la première condition énoncée ci-dessus, il faut encore que la somme des forces décomposées parallèlement à cet axe soit nulle d'elle-même.

Corollaire.

Des pressions exercées par les forces sur les deux points fixes.

122. Ces pressions n'étant autre chose que les deux résistances actuelles *r* et *r'* des deux points fixes, estimées en sens contraires, on aura, pour déterminer leurs composantes $-\text{x}$, $-\text{y}$, $-\text{z}$, $-\text{x}'$, $-\text{y}'$, $-\text{z}'$ parallèles aux trois axes, les cinq équations

$$\text{X}+\text{x}+\text{x}'=0,\quad \text{Y}+\text{y}+\text{y}'=0,\quad \text{Z}+\text{z}+\text{z}'=0,$$
$$\text{M}+\text{z}'a=0,\quad \text{N}-\text{y}'a=0.$$

Mais comme il y a six inconnues, il paraît d'abord que les deux pressions $-r$ et $-r'$ seront indéterminées, ou du moins que l'on pourra disposer à volonté de l'une de leurs six composantes. Cependant, si l'on observe que les deux inconnues $-\text{x}$, $-\text{x}'$ n'entrent que dans la première équation, on voit que les quatre autres seront déterminées par les équations restantes. En effet, l'on aura sur-le-champ, par les dernières équations,

$$-\text{y}'=\frac{-\text{N}}{a},\quad -\text{z}'=\frac{\text{M}}{a};$$

et substituant dans les deux précédentes, on aura

$$-\text{y}=\frac{\text{Y}a+\text{N}}{a},\quad -\text{z}=\frac{\text{Z}a-\text{M}}{a}.$$

Ainsi l'indétermination ne portera que sur les deux composantes $-\text{x}$, $-\text{x}'$, dont la somme seulement sera déterminée par la première équation $\text{X}+\text{x}+\text{x}'=0$.

Les deux forces $-\text{y}$, $-\text{z}$, perpendiculaires à l'axe de rotation au point A, se composeront en une seule $\sqrt{\text{y}^2+\text{z}^2}$ perpendiculaire au même axe, et qui fera avec les axes des y, z des angles dont les cosinus respectifs seront

$$\frac{-\text{y}}{\sqrt{\text{y}^2+\text{z}^2}},\quad \frac{-\text{z}}{\sqrt{\text{y}^2+\text{z}^2}}.$$

Les deux forces $-\text{y}'$, $-\text{z}'$, perpendiculaires à l'axe de rotation au point B, se composeront de même en une seule $\sqrt{Y'^2 + Z'^2}$ perpendiculaire au même axe, et qui fera avec les axes des y et z des angles dont les cosinus respectifs seront

$$\frac{-Y'}{\sqrt{Y'^2 + Z'^2}}, \quad \frac{-Z'}{\sqrt{Y'^2 - Z'^2}}.$$

Ainsi les deux pressions normales à l'axe, aux points respectifs A et B, seront nécessairement déterminées de grandeur et de direction; et, par conséquent, les pressions absolues $-r$ et $-r'$ n'auront que cette indétermination particulière, savoir, qu'il faudra les choisir de telle sorte qu'étant décomposées chacune en deux autres, l'une dans l'axe, et l'autre perpendiculaire à cet axe, les deux forces normales aient les valeurs et les directions que nous venons de donner, et les deux forces situées dans l'axe fassent une somme constante égale à X.

123. Pour voir à quoi tient cette indétermination, qui dépend de celle des deux résistances actuelles x, x' que les points fixes A et B doivent opposer dans le sens de la ligne qui les joint, on peut remarquer que ces deux points, qu'on peut supposer unis par une verge inflexible, se prêtent un appui réciproque; de manière que chacun d'eux a toujours, ou par lui-même, ou par le secours de l'autre, la résistance actuelle dont il a besoin pour l'équilibre, pourvu que la somme de ces résistances soit suffisante. On ne peut donc pas demander, et il est impossible que le calcul détermine des valeurs particulières, pour deux résistances qui, passant tacitement, en tout ou en partie, de l'un à l'autre point, se confondent en une seule et même résistance.

III.

De l'équilibre d'un corps qui s'appuie contre un plan inébranlable.

124. Prenons ce plan pour celui des x, y, que l'on nomme le plan horizontal; et, supposant d'abord que le corps ne s'appuie contre ce plan que par un seul point A, regardons ce point d'appui comme l'origine des coordonnées.

Il est facile de voir que, lorsqu'une force presse un point contre un plan, cette force peut toujours se concevoir comme décomposée en deux autres, l'une perpendiculaire au plan, et l'autre située dans ce plan. La première est nécessairement détruite par la résistance du plan; car il n'y a pas de raison pour qu'elle meuve le point d'un côté plutôt que d'un autre dans le plan, et d'ailleurs elle ne peut le mouvoir à travers; mais la seconde obtient tout son effet, parce que son action ne peut être altérée par la résistance d'un plan le long duquel elle s'exerce. Le plan résistant ne peut donc détruire que des forces dont les directions lui sont normales, et, par conséquent, sa résistance ne peut faire naître que de telles forces dans le système.

Soit donc z la résistance actuelle du point d'appui dans l'axe des z. Les équations de l'équilibre deviendront

$$X = 0,\quad Y = 0,\quad Z + z = 0,$$
$$L = 0,\quad M = 0,\quad N = 0.$$

Les trois dernières nous font voir (**112**) que les forces appliquées au corps doivent se réduire à une seule qui passe par l'origine, c'est-à-dire par le point d'appui;

Les deux premières, que cette résultante doit être verticale, c'est-à-dire perpendiculaire au plan fixe;

Et la troisième, $Z + z = o$, que cette résultante Z peut avoir une valeur quelconque, pourvu qu'elle soit de signe contraire à la résistance z du plan; c'est-à-dire qu'en supposant, comme nous le ferons désormais, que le corps soit placé au-dessus du plan des x, y, il faut que la force Z ne soit pas positive : sans quoi, tendant à soulever le corps au-dessus du plan, elle n'y ferait naître aucune résistance, et le plan ne servirait à rien pour l'équilibre; de manière qu'il faudrait les mêmes conditions que si le système était parfaitement libre.

125. Supposons actuellement que le corps s'appuie par un second point B. Prenons AB pour l'axe des x, et le point A pour l'origine.

Le point A fait naître une résistance z dans l'axe même des z. Le point B fera naître une résistance z′ dans le plan xz, et donnera dans ce plan un couple dont le moment sera $z'a'$, en faisant $AB = a'$.

Les équations de l'équilibre seront donc

$$X = o, \quad Y = o, \quad Z + z + z' = o,$$
$$L = o, \quad M + z'a' = o, \quad N = o.$$

Ces équations nous font voir que l'équation de condition $XL + YM + ZN = o$ est satisfaite, ainsi que l'inégalité $\sqrt{X^2 + Y^2 + Z^2} > o$ (puisque les deux résistances z et z′ ne pouvant être supposées toutes nulles, et étant de même signe, la force Z ne peut être nulle). Les forces appliquées au système doivent donc avoir une résultante unique.

Les deux premières équations montrent que cette résultante doit être verticale, c'est-à-dire perpendiculaire au plan fixe; et la troisième, $Z + z + z' = 0$, qu'elle peut avoir telle valeur qu'on voudra, pourvu qu'elle ne soit pas positive.

Enfin, si l'on cherche les valeurs des deux coordonnées p et q du point O où sa direction doit rencontrer le plan horizontal, comme on a (108)

$$p = \frac{M}{Z}, \quad q = \frac{-L}{Z},$$

en mettant à la place des quantités L, M, Z leurs valeurs tirées des équations précédentes, on aura

$$p = a' \frac{z'}{z + z'}, \quad q = 0.$$

Donc, puisque l'on a $q = 0$, il faut que le point où elle rencontre le plan horizontal tombe sur la ligne des abscisses, c'est-à-dire sur la ligne qui joint les deux points d'appui; et puisque l'on a $p = a' \frac{z'}{z + z'}$, à cause de $\frac{z'}{z + z'}$ toujours < 1, on a p toujours $< a'$, et par conséquent la direction de la résultante doit toujours tomber entre les deux points d'appui A et B.

126. Supposons enfin que le corps s'appuie contre le plan par tant de nouveaux points qu'on voudra, C, D,..., qui soient tous placés d'un même côté à l'égard de la droite AB, qui est toujours regardée comme l'axe des abscisses x. Conservant pour les deux points A et B les dénominations précédentes, nommons a'' et b'' les deux coordonnées du point C, a''' et b''' celles du point D, et ainsi de suite. La résistance z'' du point C, étant transportée à l'origine, donnera deux couples dans les plans verticaux XZ, YZ, dont les moments seront $z''a''$, $z''b''$; la résistance z''' du point D donnera de même deux couples

dans les mêmes plans, et dont les moments seront $z'''a'''$, $z'''b'''$, et ainsi de suite. Les équations de l'équilibre seront donc

$$X = 0, \quad Y = 0, \quad Z + z + z' + z'' + z''' + \ldots = 0$$
$$L - z''b'' - z'''b''' - \ldots = 0,$$
$$M + z'a' + z''a'' + z'''a''' + \ldots = 0, \quad N = 0.$$

Ces équations nous font voir d'abord, comme dans l'Article précédent, que toutes les forces appliquées au système doivent se réduire à une seule, perpendiculaire au plan fixe, et dont la valeur ne soit pas positive.

En second lieu, je dis que sa direction doit rencontrer ce plan dans l'intérieur du polygone formé par les points d'appui A, B, C, D,....

En effet, si l'on nomme, comme ci-dessus, q l'ordonnée du point O, où cette résultante rencontre le plan horizontal; comme on a $q = \frac{-L}{Z}$ en mettant pour L et Z leurs valeurs tirées des équations précédentes, on aura

$$q = \frac{z''b + z'''b''' + \ldots}{z + z' + z'' + z''' + \ldots}.$$

Or les résistances z, z', z'', z''',... étant toutes positives, et les ordonnées b'', b''',... toutes de même signe, puisque les points C, D,... sont, par hypothèse, tous placés du même côté de l'axe des abscisses, il s'ensuit que l'ordonnée q sera de même signe que ces coordonnées, et que, par conséquent, le point O sera, à l'égard de la ligne AB qui joint les deux points d'appui A et B, du même côté que les autres C, D,.... Donc, puisqu'on aurait pu prendre pour l'axe des abscisses toute autre droite AC, BD,..., qui, joignant deux points d'appui, laisse tous les autres d'un même côté, on peut conclure que le point O doit se trouver, à l'égard de chacune de ces lignes, du même côté que les autres points d'appui, et, par conséquent, doit tomber nécessairement dans l'intérieur du polygone formé par tous les points d'appui.

Corollaire.

Des pressions exercées par la résultante des forces du système sur les différents points d'appui.

127. Ces pressions, estimées en sens contraire, ne sont autre chose que les résistances $z, z', z'', {}'''z, \ldots$, dont les points d'appui A, B, C, D,... ont actuellement besoin pour l'équilibre. On aura donc, pour les déterminer, les trois équations

$$Z + z + z' + z'' + z''' + \ldots = 0,$$
$$L - b''z'' - b'''z''' - \ldots = 0,$$
$$M + a'z' + a''z'' + a'''z''' + \ldots = 0.$$

Mais comme on n'a que ces trois équations, avec cette seule condition que les inconnues $z, z', z'', z''', \ldots$ doivent être toutes positives, il s'ensuit que les diverses pressions exercées sur le plan demeurent indéterminées lorsqu'il y a plus de trois appuis, et même lorsqu'il n'y en a que trois, s'ils tombent en ligne droite. Car, en supposant que le troisième point C tombe avec les deux autres A et B sur l'axe des abscisses, l'ordonnée b'' devient nulle, et l'inconnue z'' disparaissant d'elle-même dans l'équation $L - b''z'' = 0$, il ne reste plus que deux équations pour calculer les trois inconnues z, z', z'', qui sont encore indéterminées.

On pourra donc, dans ce cas, se donner à volonté l'une des pressions, et, dans le cas général, se donner les pressions de tous les points d'appui, hors trois. On calculera ensuite ces dernières pressions par les équations précédentes; et pourvu que, dans les différentes hypothèses que l'on fera, le calcul ne mène à aucune pression positive, le problème sera toujours bien résolu.

Corollaire.

128. Mais si nous trouvons, d'après les principes établis ci-dessus, que les pressions sont indéterminées lorsqu'il y a plus de trois points d'appui, d'un autre côté, en considérant *à priori* un corps appuyé contre un plan, par un nombre quelconque de points, et tenu en équilibre par une force normale à ce plan, il nous paraît évident que chaque point de contact doit être actuellement pressé, et que, s'il est pressé, c'est avec une certaine force tout à fait déterminée, ce qui serait absurde autrement : et de là résulte une espèce de paradoxe qui ne paraît pas facile à expliquer.

Gardons-nous d'abord d'en conclure, avec d'Alembert, que la théorie connue jusqu'ici est insuffisante pour résoudre le problème en question ; car nous allons voir que ce problème est indéterminé par l'hypothèse même que l'on a faite, et que la théorie donne tout ce qu'on peut demander sans se contredire soi-même.

En effet, si l'on fait attention qu'il s'agit, par hypothèse, d'un corps dont la figure est parfaitement invariable, on peut concevoir les points de contact de ce corps comme unis entre eux par un plan parfaitement inflexible, lequel repose sur les points fixes A, B, C, D,.... Or, lorsqu'il y a plus de trois points d'appui, ou seulement trois quand ils tombent en ligne droite, il n'est pas difficile de voir que certaines parties des pressions qu'on supposerait exercées par le plan sur ces points peuvent être imaginées comme se reportant indifféremment des uns aux autres, de manière qu'on ne puisse demander ni ce qu'elles sont en elles-mêmes, ni sur quels points d'appui elles s'exercent de préférence, à moins de détruire l'hypothèse de l'inflexibilité parfaite du plan qui unit les points du corps.

Ainsi (*fig.* 37), pour nous faire mieux comprendre par un exemple, supposons qu'il s'agisse d'un corps appuyé par trois points en ligne droite, et considérons ces points comme liés entre eux par une verge inflexible qui repose sur les trois points fixes A, B, C. Quand bien même on saurait que cette verge est actuellement poussée aux trois points respectifs A, B, C, par trois forces normales P, Q, R, parallèles entre elles, on ne serait pas en droit d'en conclure que les pressions exercées sur les points d'appui sont respectivement égales aux forces P, Q, R : car il serait toujours permis de concevoir, dans les deux forces extrêmes P et R, deux parties u et u' qui ne pressent point du tout sur les appuis A et C. Si l'on prend en effet ces deux parties dans la raison inverse de leurs distances AB et CB au point B, à cause de la roideur parfaite de la verge, on peut concevoir que ces deux forces vont presser actuellement le point d'appui B, conjointement avec la force Q; de sorte qu'il y a ici une pression indéterminée $u + u'$, qu'on peut supposer exister indifféremment, ou tout entière en B, ou, en deux parties u et u', sur les points A et C, sans qu'on puisse dire ni ce qu'elle est ni où elle se trouve de préférence, à moins de détruire l'hypothèse de l'inflexibilité parfaite de la verge qui joint les points de contact du corps.

129. Au reste, cette indétermination singulière est du

même genre que celle que nous avons observée et expliquée au n° 123. Les pressions ou résistances actuelles dont les différents points d'appui ont besoin pour l'équilibre ne sont indéterminées, dans le cas où il y a plus de trois points d'appui, ou seulement trois, quand ils tombent en ligne droite, que parce qu'il y a alors des appuis intermédiaires qui peuvent prêter aux appuis placés de part et d'autre certaines parties de leurs résistances; de manière que, par la liaison parfaite de ces appuis, on ne peut plus distinguer leurs résistances individuelles d'avec celles qu'ils pourraient emprunter mutuellement les uns des autres.

Et la théorie nous fait voir que, pourvu que ces points aient des résistances individuelles qui satisfassent ensemble aux trois équations données ci-dessus, de quelque autre manière permise par les mêmes équations que l'on veuille répartir les forces de pression sur ces différents points, chacun d'eux trouvera toujours, ou dans sa résistance propre, ou dans sa résistance unie avec celle qu'il empruntera des autres points d'appui, la résistance actuelle dont il aura besoin pour détruire la pression qu'on lui suppose.

Il n'en est pas de même dans le cas de deux points d'appui, et dans celui de trois, non en ligne droite : les résistances actuelles sont déterminées, et doivent l'être; car chaque point d'appui se trouvant seul à côté de l'autre, ou, dans le second cas, à côté de la ligne qui joint les deux autres, il est visible qu'il ne peut avoir que sa résistance propre, et ne pourrait pas en emprunter des appuis voisins, si elle n'était pas suffisante.

130. Le paradoxe que nous venons de resoudre est d'autant plus frappant, que, dans la nature, les pressions exercées par les corps aux différents points de contact

sont nécessairement déterminées dans tous les cas, ce qui serait absurde autrement.

Mais tous les corps sont plus ou moins flexibles et élastiques; et lorsqu'ils sont pressés les uns contre les autres par différents points situés dans le même plan, la pression totale se distribue d'une manière particulière en vertu de ces propriétés physiques, et des trois équations données ci-dessus (**127**), auxquelles les pressions individuelles doivent toujours satisfaire. Or il faudrait savoir tenir compte de ces propriétés, pour trouver en tout autant d'équations qu'il y a de points de contact, et connaître par là les diverses pressions; et c'est une question très-délicate de Physique, que nous ne chercherons pas à discuter ici.

131. Ce que nous avons dit sur l'équilibre d'un corps qui s'appuie contre un seul plan peut aisément s'appliquer à un corps qui s'appuierait contre plusieurs plans à la fois. Chacun de ces plans fera naître aux différents points de contact des résistances normales à sa surface; et, en introduisant dans les six équations de l'équilibre ces nouvelles forces indéterminées, on parviendra facilement aux conditions que doivent remplir les forces immédiatement appliquées.

132. Si le corps s'appuie en différents points contre une ou plusieurs surfaces courbes quelconques, on pourra supposer qu'il s'appuie sur les plans tangents menés aux surfaces en ces points. Ainsi, connaissant les équations de ces surfaces, on cherchera celles des plans tangents ou des normales aux divers points de contact: on introduira dans les équations de l'équilibre autant de forces indéterminées, dirigées suivant ces normales, et le problème reviendra au précédent.

CHAPITRE III.

DES CENTRES DE GRAVITÉ.

Jusqu'à présent nous avons fait abstraction de la pesanteur des corps; nous allons voir ici comment on peut avoir égard à cette propriété générale de la matière, afin d'appliquer les principes établis ci-dessus à l'équilibre des corps, tels qu'ils sont dans la nature.

I.

133. On nomme *pesanteur* ou *gravité* cette cause inconnue qui fait descendre les corps vers la terre, lorsqu'ils sont abandonnés à eux-mêmes.

La pesanteur étant une cause de mouvement, on peut la considérer comme une force.

Cette force pénètre les parties les plus intimes des corps, et agit également sur toutes leurs molécules; car l'expérience prouve que, dans le vide, des corps quelconques de masses inégales, une balle de plomb, par exemple, et le duvet le plus léger, tombent de la même hauteur avec la même vitesse; d'où l'on doit conclure que les molécules d'un corps qui tombe descendent toutes de la même manière que si elles étaient simplement contiguës, sans être liées les unes aux autres. Ainsi l'action de la pesanteur s'exerce sur toutes les molécules d'un corps, et se fait sentir également à chacune d'elles.

Cependant l'intensité de la pesanteur n'est pas rigoureusement la même pour une même molécule placée dans des lieux différents par rapport au globe terrestre : elle varie à la surface de la terre, depuis l'équateur, où elle est la plus petite, jusqu'au pôle, où elle est la plus grande; de plus, elle diminue à la même distance de l'équateur, à mesure que la molécule s'éloigne davantage du centre de la terre; et l'on sait qu'elle décroît toujours dans le même rapport que le carré de cet éloignement augmente. Mais, pour les molécules des corps que l'on considère ordinairement en Statique, il n'y a pas assez de différence entre leurs distances à l'équateur, ou au centre de la terre, pour que les variations de la pesanteur y soient sensibles. Ainsi l'on est autorisé à regarder la pesanteur comme une force constante.

La direction de la pesanteur est fort bien représentée par celle d'un fil à plomb en équilibre, ou par la perpendiculaire à la surface des eaux tranquilles.

Cette direction dans le lieu que l'on considère se nomme la *verticale*, et tout plan perpendiculaire à la verticale se nomme le plan *horizontal*.

La surface de la terre, ou plutôt celle des mers, étant à peu près sphérique, les directions de la pesanteur vont à peu près concourir au centre du globe. Ainsi, à mesure que l'on chemine sur la terre, la verticale change aussi bien que le plan horizontal; mais comme les distances dont il s'agit ordinairement dans la Statique sont très-petites à l'égard du rayon de la terre, qui a près de 1500 lieues, les directions de deux verticales peu éloignées, qui vont à peu près concourir à cette distance, peuvent être regardées comme parallèles, sans erreur sensible.

Nous considérerons donc toutes les molécules égales d'un corps pesant comme sollicitées par de petites forces égales, parallèles et de même sens, et nous pourrons appliquer aux forces qui proviennent de la gravité tout ce que nous avons dit des forces parallèles appliquées à un assemblage de points liés entre eux d'une manière invariable.

134. Et d'abord nous en conclurons que *la résultante de toutes les forces parallèles de la pesanteur leur est parallèle, c'est-à-dire est verticale;*

En second lieu, qu'*elle est égale à leur somme.*

La quantité de cette résultante est ce que l'on nomme le *poids* du corps; d'où l'on voit que le poids d'un corps est proportionnel au nombre des molécules qui le composent, ou à la quantité de matière qu'il renferme, et que l'on nomme sa *masse*. Ainsi l'on distinguera le mot de *pesanteur* ou *gravité* d'avec celui de *poids*. La pesanteur désigne, comme nous l'avons dit, la cause qui attire les corps vers la terre; mais le poids désigne la force particulière qui en résulte pour chacun d'eux ; force qui est proportionnelle à leur masse, et égale à l'effort qu'il faudrait employer pour les soutenir.

135. En troisième lieu, comme nous avons vu que pour les forces parallèles, appliquées à différents points, il y a un *centre*, c'est-à-dire un point unique par lequel passent continuellement leurs résultantes successives, lorsque l'on incline successivement tout le groupe de ces forces dans diverses positions, il s'ensuit qu'il existe toujours, pour un corps pesant, un point unique par

lequel passe continuellement la direction du poids, lorsque l'on tourne successivement le corps dans diverses positions à l'égard du plan horizontal. En effet, dans les diverses situations qu'on lui donne, les forces de la pesanteur qui animent toutes les molécules ne cessent pas d'être les mêmes, d'agir aux mêmes points, et d'être parallèles, et, par conséquent, leurs résultantes successives ne cessent pas de se couper en un même point.

Ce point unique, par lequel passe toujours la direction du poids, quelle que soit la position du corps à l'égard du plan horizontal, se nomme *le centre de gravité.*

136. Si le centre de gravité d'un corps est fixe, il est clair que ce corps sera en équilibre autour de lui dans toutes les situations; c'est-à-dire que si, le faisant tourner autour de ce point, on l'amène dans une situation quelconque, et qu'on l'y laisse, le corps y demeurera : car, dans toutes ces positions, la résultante des forces de la pesanteur passera toujours par le même point fixe, et son effet sera détruit. C'est pour cela que plusieurs auteurs ont défini le centre de gravité un point tel que, s'il était fixé, le corps demeurerait en équilibre dans toutes les positions possibles autour de ce point; mais il est plus convenable de faire voir *à priori* qu'il y a toujours pour chaque corps un tel point, et, par conséquent, de montrer qu'il y a un centre de gravité, avant de définir le centre de gravité lui-même.

137. Puisque le centre de gravité d'un corps n'est autre chose que le centre des forces parallèles de la pesanteur, appliquées à toutes les molécules de ce corps; comme toutes ces forces sont supposées égales, il suit du n° 87 que *la distance du centre de gravité à un plan quel-*

conque est égale à la moyenne distance de toutes les molécules du corps au même plan. Par conséquent, la position de ce centre dans les corps ne dépend nullement de la gravité, mais seulement de la manière dont toutes les molécules sont disposées les unes à l'égard des autres.

Aussi quelques géomètres ont-ils cru convenable de nommer le centre de gravité le *centre de masse*, ou le *centre de figure;* mais nous conserverons ici l'autre dénomination, comme étant plus usitée, et comme rappelant mieux l'usage que l'on fait de ce point dans la Statique.

138. Comme on peut toujours concevoir qu'à toutes les forces de la pesanteur qui animent les molécules d'un corps on ait substitué leur résultante générale, qui produit absolument le même effet, on peut considérer le centre de gravité d'un corps comme un point où toute la masse de ce corps est réunie et concentrée. Ainsi, dans la solution des problèmes, si l'on veut avoir égard à la pesanteur, on pourra regarder chaque corps comme réduit à son centre de gravité, qu'on supposera sollicité par une force égale et parallèle à son poids; et, combinant ensuite ces nouvelles forces avec celles qui sont immédiatement appliquées au système, on trouvera les conditions de l'équilibre d'après les principes donnés dans les Chapitres précédents, comme si tous les corps du système étaient dépourvus de pesanteur.

Il ne s'agit donc plus actuellement que de savoir déterminer les centres de gravité des différents corps ou assemblages de corps qui peuvent se présenter.

139. Lorsqu'on peut considérer le corps ou le système comme composé de parties dont on connaît en particulier les centres de gravité et les poids respectifs, il est très-

facile de déterminer le centre de gravité de ce corps ou système.

Car, ce centre n'étant autre chose que le point d'application de la résultante générale des forces de la pesanteur appliquées à toutes les molécules, on peut concevoir que, pour la déterminer, on a d'abord cherché les points respectifs où sont appliquées les résultantes partielles des forces qui agissent sur chaque corps, et qu'ensuite on a cherché le point d'application de la résultante générale de ces diverses résultantes.

Donc, si l'on connaît déjà les centres de gravité respectifs des différents corps, on n'aura qu'à supposer appliquées à ces points des forces parallèles et respectivement égales aux poids de ces corps, et l'on trouvera le centre de gravité du système absolument de la même manière que l'on trouverait le centre de ces forces parallèles.

On pourra donc employer dans cette recherche, ou la composition successive des forces, comme au n° 29, ou la théorie des moments, comme au n° 86.

Et puisque la distance du centre des forces parallèles à un plan se trouve en divisant la somme des moments des forces, pris par rapport au plan, par la somme de toutes les forces, il s'ensuit :

Que *la distance du centre de gravité d'un système quelconque de corps à un plan est égale à la somme des moments de leurs poids, par rapport au plan, divisée par la somme de tous les poids,* ou (comme les masses sont proportionnelles aux poids) *égale à la somme des moments des masses, divisée par la somme de toutes les masses,* en entendant par le moment d'une masse le produit de cette masse par la distance de son centre de gravité au plan que l'on considère.

En calculant ainsi les distances du centre de gravité à

trois plans quelconques, qu'on pourra supposer rectangulaires entre eux pour plus de simplicité, on trouvera facilement la position de ce point dans l'espace.

140. Dans le cas où toutes les masses du système sont égales, on trouve sur-le-champ la distance du centre de gravité à un plan quelconque, en prenant la moyenne distance des centres de gravité de tous les corps à ce plan.

141. Lorsque le plan par rapport auquel on estime les moments passe par le centre de gravité du système, la distance de ce centre au plan est nulle; et, par conséquent, *la somme des moments des masses, pris par rapport à un plan qui passe par le centre de gravité du système, est toujours égale à zéro.*

C'est-à-dire que la somme des moments des masses qui sont d'un même côté du plan est égale à la somme des moments des masses qui sont de l'autre côté.

Et réciproquement, *lorsque la somme des moments des masses, par rapport à un plan, est égale à zéro, le centre de gravité du système est dans ce plan.*

Car la distance de ce centre au plan est nulle.

142. Il résulte de là que si les centres de gravité de tous les corps que l'on considère sont dans un même plan, le centre de gravité du système sera aussi dans ce plan; et que si les centres de gravité des corps sont sur une même ligne droite, le centre de gravité sera aussi sur cette droite.

Car, dans le premier cas, tous les corps ayant leurs centres de gravité dans un même plan, les moments de leurs masses par rapport à ce plan sont tous nuls; la distance du centre de gravité du système à ce plan est donc nulle aussi, et, par conséquent, ce centre est dans le même plan.

Dans le second cas, tous les centres de gravité étant en ligne droite, si l'on fait passer deux plans quelconques par cette droite, les centres de gravité des différents corps seront à la fois dans ces deux plans. Le centre de gravité du système y sera donc aussi, et, par conséquent, ne pourra se trouver que dans leur intersection, qui est la droite proposée.

Au reste, les deux dernières conséquences que nous venons d'énoncer paraîtront évidentes d'elles-mêmes, en se représentant que l'on cherche le centre de gravité du système par la composition successive des forces ou poids appliqués aux centres de gravité respectifs des différents corps.

143. Lorsque tous les centres de gravité des corps sont dans un même plan, comme le centre de gravité du système se trouve déjà dans un plan connu, il suffit, pour déterminer sa position, de chercher ses distances à deux autres plans. Or, si on les prend, pour plus de simplicité, tous deux perpendiculaires sur le premier, les distances des différents centres de gravité à ces deux plans seront les mêmes que leurs distances aux traces de ces plans sur le premier.

Donc, *si dans le plan qui contient les centres de gravité de différents corps on tire deux droites ou axes quelconques non parallèles, on aura les distances respectives du centre de gravité du système à ces deux droites, en prenant les sommes respectives des moments de toutes les masses, par rapport à ces droites, et divisant par la somme de toutes les masses.*

(Ayant soin de regarder pour chaque droite, comme

positifs, tous les moments des masses qui sont d'un même côté de cette ligne, et comme négatifs les moments de celles qui sont de l'autre côté.)

On trouvera de cette manière à quelle distance, et de quel côté, le centre de gravité du système est placé à l'égard de ces deux axes; et menant alors aux deux distances trouvées deux parallèles à ces axes, le centre de gravité sera à leur intersection même.

144. Lorsque les centres de gravité de tous les corps sont en ligne droite, comme le centre de gravité du système se trouve déjà sur une ligne connue, il suffit, pour le déterminer, de chercher sa distance à un seul plan. Or, si on le prend, pour plus de simplicité, perpendiculaire sur la ligne des centres, les distances des centres de gravité respectifs à ce plan seront les mêmes que leurs distances au point où le plan coupe la ligne.

Donc, *lorsque plusieurs corps ont leurs centres de gravité respectifs sur une même droite, la distance du centre de gravité du système, à un point quelconque pris sur cette droite, est égale à la somme des moments des masses, par rapport à ce point, divisée par la somme de toutes les masses.*

(En prenant avec un même signe tous les moments des masses qui sont d'un même côté à l'égard du point, et avec le signe contraire les moments de celles qui se trouvent de l'autre côté.)

On saura alors à quelle distance, et de quel côté, le centre de gravité du système est placé à l'égard du point que l'on a choisi, et si l'on porte ensuite de ce côté, et à partir du point, une longueur égale à la distance trouvée, l'extrémité de cette longueur marquera sur la ligne le centre de gravité lui-même.

145. On voit donc combien il est facile de trouver le

centre de gravité d'un corps ou système, lorsqu'on connaît ceux des différents corps qui le composent; il nous reste à voir comment on obtiendrait les centres de gravité des corps qui ne seraient pas susceptibles d'une pareille décomposition.

A la vérité, comme on peut toujours regarder un corps comme un assemblage de points matériels qui sont eux-mêmes leurs propres centres de gravité, il s'ensuit qu'on peut leur appliquer la méthode précédente, et qu'on aura généralement la distance du centre de gravité d'un corps quelconque à un plan, en prenant la somme des moments de toutes les particules de ce corps par rapport au plan, et divisant par la somme de ces particules, ou, ce qui est la même chose, en divisant par la masse totale du corps. Mais la solution générale de cette question dépend du Calcul intégral; et l'on en peut voir, dans presque tous les Traités de Mécanique, des applications très-simples, et qui n'ont d'autres difficultés que celles du Calcul intégral lui-même.

Cependant, comme il existe des considérations élémentaires très-élégantes qui conduisent à la détermination des centres de gravité pour la plupart des corps dont il est question dans la Géométrie, nous nous bornerons à cette recherche, qui remplit l'objet que nous avons en vue, et qui ne nous écarte point de nos *Éléments*.

146. D'après ce que nous avons dit (137), la position du centre de gravité dans un corps ne dépend que de la manière dont toutes les molécules de ce corps sont disposées les unes à l'égard des autres. Elle dépend donc de deux choses: 1° de la figure du corps ou de celle de l'espace qu'il occupe; 2° de la densité relative de ses différentes parties. On voit bien, en effet, que si, la figure et le volume restant les mêmes, les molécules viennent à s'écarter les unes des autres dans une certaine partie du corps, de manière qu'elles se rapprochent davantage dans une autre, les forces qui agissent sur elles n'étant plus réparties de la même manière, la position de la résultante générale changera, et, par conséquent, celle du centre de gravité du corps. Ainsi, dans la détermination de ce point, il faudrait avoir égard, non-seulement à la figure du corps, mais encore à la loi suivant laquelle la densité varie dans toute son étendue.

Mais si, pour résoudre plus simplement la question, on suppose d'abord les corps parfaitement homogènes, ou uniformément denses en tous leurs points, la position du centre de gravité ne dépendra plus que de la figure, et la recherche des centres de gravité deviendra un simple problème de Géométrie.

C'est dans cette hypothèse de corps parfaitement homogènes que l'on détermine ordinairement les centres de gravité des lignes, des surfaces et des solides qui sont soumis à une description rigoureuse, et que l'on regarde comme doués d'une pesanteur uniforme en tous leurs points; et quoique ce problème puisse paraître, au premier coup d'œil, de pure spéculation, il est facile de voir qu'il est, en Statique, ce que la quadrature des aires, ou la cubature des solides, est en Géométrie. Comme les résultats que la Géométrie nous donne sont d'autant plus exacts dans l'application que les figures sont plus semblables à celles que la Géométrie suppose, ainsi dans la détermination des centres de gravité on trouvera ces points d'autant plus près des lieux que la théorie leur assigne, que les corps seront d'une substance plus homogène, plus uniformément répandue, et terminés par des surfaces plus parfaites.

II.

Des centres de gravité des figures.

Lemme.

147. *Toute figure dans laquelle il se trouve un point tel, qu'un plan quelconque mené par ce point coupe la figure en deux parties parfaitement symétriques, a son centre de gravité en ce point, que l'on nomme ordinairement* le centre de la figure.

En effet, si l'on fait passer un plan quelconque par le centre de la figure, comme ce plan la coupe en deux parties parfaitement symétriques, il n'y a pas de raison pour que le centre de gravité, qui est un point unique, et dont la position ne dépend que de la figure, se trouve d'un côté de ce plan plutôt que de l'autre; donc il sera dans ce plan : le centre de gravité, devant donc se trouver à la fois dans tous les plans que l'on pourrait conduire par le centre de figure, sera en ce point même, qui est la commune intersection de tous ces plans.

148. Il résulte de là :

1° Que le centre de gravité d'une ligne droite est au milieu de sa longueur;

2° Que le centre de gravité de l'aire d'un parallélogramme quelconque est à l'intersection de ses deux diagonales, ou au milieu de l'une d'elles;

3° Que le centre de gravité de la solidité d'un parallélépipède est à l'intersection de ses quatre diagonales, ou au milieu de l'une d'elles.

On pourrait encore en conclure que le centre de gravité du contour ou de l'aire d'un cercle est au centre de ce cercle; que le centre de gravité de la surface ou de la solidité d'une sphère est au centre de cette sphère; que celui de la surface ou de la solidité d'un cylindre à bases parallèles est au milieu de son axe; etc.

Mais on remarquera surtout les trois premiers corollaires sur les centres de gravité de la ligne droite, du parallélogramme et du parallélépipède, parce que l'on peut regarder ces figures comme les éléments de toutes les autres.

Problème I.

149. *Trouver le centre de gravité du contour d'un polygone quelconque, et, en général, d'un assemblage de droites disposées comme on voudra dans l'espace.*

On regardera chaque droite comme concentrée en son centre de gravité, lequel est au milieu de sa longueur; et l'on n'aura plus à considérer qu'un assemblage de points représentés, pour leurs poids respectifs, par les longueurs des lignes dont ils sont les centres de gravité.

On trouvera donc le centre de gravité du système par la composition successive de ces poids, ou par la théorie des moments, comme il a été dit plus haut.

150. On pourra souvent, par des considérations particulières, déterminer les centres de gravité plus facilement que par la méthode générale.

S'il s'agit, par exemple, de trouver le centre de gravité du contour d'un triangle, on n'aura qu'à joindre les milieux des trois côtés par trois lignes, ce qui formera un triangle semblable au triangle proposé; et, partageant les angles de ce triangle en deux parties égales par des droites, ces droites se couperont au centre de gravité cherché.

C'est-à-dire que le centre de gravité du contour d'un triangle n'est autre chose que le centre du cercle inscrit au triangle formé par les lignes qui joignent les milieux des trois côtés.

Problème II.

151. *Trouver le centre de gravité de l'aire d'un polygone quelconque, et, en général, d'un assemblage de figures planes et rectilignes disposées comme on voudra dans l'espace.*

Tous les polygones pouvant se décomposer en triangles, nous allons voir d'abord comment on trouve le centre de gravité d'un triangle quelconque. Après quoi, prenant les centres de gravité de tous les triangles qui composent le système proposé, nous n'aurons plus à considérer qu'un assemblage de points donnés de position, et dont les poids respectifs seront représentés par les aires des triangles dont ils sont les centres de gravité; et le problème se résoudra comme le précédent.

Du centre de gravité du triangle.

152. Soit ABC (*fig.* 38) le triangle proposé : considérons sa surface comme composée d'une infinité de tranches parallèles à la base BC. Il est visible que la ligne droite AD, menée du sommet A au milieu D de la base, divisera toutes ces tranches en deux parties égales. Leurs centres de gravité respectifs seront donc tous sur la droite AD, et, par conséquent, celui de leur système, c'est-à-dire celui du triangle, y sera aussi.

Par un raisonnement tout à fait semblable on ferait voir que le centre de gravité du triangle doit aussi se trouver sur la ligne BE, qui serait menée du sommet de l'angle B au milieu E du côté opposé AC.

Le centre de gravité, devant donc se trouver à la fois sur les deux lignes AD, BE, sera nécessairement à leur intersection C.

Mais si l'on joint DE, puisque les points D et E sont les milieux respectifs des côtés CB, CA, la droite DE sera parallèle à AB et en sera la moitié. Or, si DE est moitié de AB, à cause des triangles semblables DGE, AGB, le côté DG sera aussi moitié de son homologue AG.

Donc DG sera le tiers de AD, et AG en sera les deux tiers.

Donc *le centre de gravité de l'aire d'un triangle quelconque est situé sur une ligne menée de l'un quelconque des trois angles au milieu de la base opposée, et se trouve au tiers de cette ligne à partir de la base, ou aux deux tiers à partir du sommet de l'angle.*

La démonstration précédente est si naturelle et si simple, que nous n'avons pas cru devoir l'omettre ici. On pourrait lui donner toute la rigueur possible, au moyen de cette méthode connue, dont les exemples sont si multipliés dans les Éléments de Géométrie; mais le lecteur peut y suppléer.

Au reste, voici une démonstration nouvelle qui ne laisse rien à désirer du côté de l'exactitude.

153. Par le milieu D de la base BC du triangle ABC (*fig.* 39), menez aux deux autres côtés les parallèles DE, DF, qui les rencontrent en E et F : le triangle proposé sera décomposé en un parallélogramme AEDF, et deux triangles DEC, DFB, parfaitement égaux entre eux, et semblables au premier.

Le moment du triangle ABC, par rapport à une ligne quelconque menée dans son plan, sera donc égal à la somme des moments du parallélogramme et des deux triangles.

Soit a l'aire d'un de ces triangles, $4a$ sera celle du triangle proposé. Donc, si l'on nomme x la distance du centre de gravité de ce triangle à la base BC, on aura $4ax$ pour son moment par rapport à cette ligne.

Soit h la hauteur du triangle; $\frac{h}{2}$ sera la distance du centre de gravité du parallélogramme à la base; et comme son aire est $2a$, son moment sera $2a \times \frac{h}{2}$, c'est-à-dire ah.

Ensuite, les deux triangles BFD, DEC ont visiblement leurs centres de gravité à même distance de la base BC; donc, si l'on nomme x' cette distance, la somme de leurs moments sera $2ax'$.

On aura donc $4ax = ah + 2ax'$, ou bien, en divisant par $4a$,

$$x = \frac{1}{4} h + \frac{x'}{2}.$$

Si l'on supposait, avec Archimède, que, dans les triangles semblables, les centres de gravité sont des points semblablement placés, alors, comme les dimensions du triangle BFD ou DEC sont moitiés de celles du triangle ABC, on aurait $x' = \frac{x}{2}$; et substituant dans l'équation précédente, on trouverait sur-le-champ

$$x = \frac{h}{3}.$$

Ce qui fait voir que le centre de gravité du triangle se trouve placé au-dessus de chaque côté, à une distance égale au tiers de la hauteur de l'angle opposé, et que, par conséquent, il est au point déterminé ci-dessus.

Mais on peut parvenir à cette conclusion sans aucune hypothèse : car, puisque l'on a trouvé, pour le triangle ABC,

$$x = \frac{1}{4} h + \frac{x'}{2},$$

x étant la distance de son centre de gravité à la base BC, et x' la distance du centre de gravité du triangle BFD à sa base BD; en imaginant que l'on fasse, dans le triangle BFD, la même construction que l'on a faite dans le triangle ABC, si l'on nomme x'' la distance analogue à celle qu'on a nommée x', et si l'on observe que la hauteur du nouveau triangle est deux fois plus petite que celle du premier, on aura

$$x' = \frac{1}{4} \frac{h}{2} + \frac{x''}{2}.$$

Et continuant la même construction, on trouvera

$$x'' = \frac{1}{4} \frac{h}{4} + \frac{x'''}{2},$$
$$x''' = \frac{1}{4} \frac{h}{8} + \frac{x^{\text{IV}}}{2},$$
$$\dots\dots\dots\dots\dots,$$

x''', x^{IV}, ... désignant les distances des centres de gravité à la base dans les triangles successifs, distances qui diminuent sans cesse, et dont la dernière peut être rendue moindre que toute grandeur donnée, puisqu'elle est toujours plus petite que la hauteur du triangle dans lequel on la considère.

On aura donc, en substituant successivement dans la première équation, à la place de x', x'', x''', ..., leurs valeurs,

$$x = \frac{h}{4} + \frac{h}{4 \cdot 4} + \frac{h}{4 \cdot 4 \cdot 4} + \dots, \text{ à l'infini};$$

d'où $x = \frac{h}{3}$. Ce qu'il fallait démontrer.

Remarque.

154. Soient trois masses égales ayant leurs centres de gravité situés aux trois angles respectifs du triangle ABC (*fig.* 38). Le centre de gravité de ces trois corps sera le même que celui du triangle.

Car, pour trouver celui des trois corps, il n'y a qu'à prendre d'abord le centre de gravité de deux quelconques d'entre eux, celui des deux corps B et C par exemple, lequel est au point D, milieu de BC; ensuite joignant DA, on n'a qu'à diviser cette droite au point G dans la raison réciproque de 2 à 1.

Or cette construction donne aussi le centre de gravité du triangle ABC.

Il résulte de là et du n° **140** que la distance du centre de gravité d'un triangle à un plan situé d'une manière quelconque dans l'espace est égale à la moyenne distance de ses trois angles au même plan.

Centre de gravité du trapèze.

155. Si l'on prolonge jusqu'à leur rencontre les deux côtés du trapèze, on forme deux triangles semblables de même sommet, et qui ont pour bases les deux bases du trapèze, et comme la ligne qui va du sommet commun au milieu de la base inférieure passe au milieu de la base supérieure, il s'ensuit que cette ligne passe à la fois par les centres de gravité des deux triangles, et, par conséquent, par celui du trapèze qui en est la différence. Le centre de gravité du trapèze est donc sur la ligne qui joint les milieux de ces deux bases parallèles : ainsi il ne reste qu'à trouver sa distance à l'une ou à l'autre de ces bases, ou, si l'on veut, le rapport de ces deux distances.

Nommons x la distance inconnue de ce point à la base inférieure, et H et h les hauteurs des deux triangles semblables. Si l'on représente par H^2 l'aire, ou le poids du grand triangle, h^2 sera le poids du petit, et $H^2 - h^2$ celui du trapèze. Le moment du premier de ces poids, par rapport à la base inférieure, sera donc $H^2 \frac{H}{3}$; le moment du second sera $h^2 \left(\frac{h}{3} + H - h\right)$, et le moment du troisième $(H^2 - h^2)x$. Ainsi, en égalant le premier de ces moments à la somme des deux autres, on aura, pour déterminer x, l'équation

$$3(H^2 - h^2)x = H^3 - 3h^2H + 2h^3.$$

Si l'on cherche de même la distance y du centre de gravité à la base supérieure, ou si l'on observe simplement que cette distance y est formée de $(H - h)$ diminuée de x, on trouvera

$$3(H^2 - h^2)y = h^3 - 3H^2h + 2H^3.$$

Comparant ces deux équations membre à membre, et ôtant, d'une part, le facteur commun $3(H^2 - h^2)$, et, de l'autre, le facteur commun $(H - h)^2$, on trouvera, pour le rapport cherché,

$$x : y :: H + 2h : h + 2H;$$

ou bien, mettant à la place des hauteurs H et h des triangles leurs bases B et b, qui sont dans le même rapport, on aura la proportion

$$x : y :: B + 2b : b + 2B,$$

d'où résulte ce théorème :

Le centre de gravité d'un trapèze est sur la ligne qui va

du milieu de l'une de ses bases au milieu de l'autre, et il coupe cette ligne dans le rapport des deux sommes qu'on trouve, en ajoutant d'un côté, à la première base, deux fois la seconde, et, d'un autre côté, à la seconde base, deux fois la première.

On peut tirer de là cette construction très-simple : prolongez vers la droite l'une des deux bases, d'une longueur égale à l'autre; et celle-ci vers la gauche, d'une longueur égale à la première; et menez la ligne qui joint les extrémités de ces deux prolongements; elle coupera celle qui joint les milieux des deux bases au centre de gravité du trapèze.

On peut remarquer que la proportion précédente ne dépend point de la hauteur du trapèze, mais uniquement du rapport des deux bases, de sorte qu'elle est la même pour tous les trapèzes possibles de bases proportionnelles.

Si les bases sont égales, on a $x=y$; ce qui doit être, car le trapèze est alors un parallélogramme dont le centre est également éloigné de ces deux bases opposées.

Si l'une des bases b devient nulle, on a $y=2x$; et, en effet, le trapèze devient un triangle dont la base est B, et dont le centre est deux fois plus près de la base que du sommet.

Problème III.

156. *Trouver le centre de gravité de la solidité d'un polyèdre quelconque, et, en général, d'un assemblage de polyèdres disposés comme on voudra dans l'espace.*

Tous les polyèdres pouvant se décomposer en pyramides triangulaires, nous allons voir d'abord comment on trouve le centre de gravité d'une pyramide triangulaire. Après quoi, prenant les centres de gravité de toutes les pyramides qui composent le système proposé, on n'aura plus qu'à chercher le centre de gravité d'un assemblage de points, représentés pour leurs poids par les volumes des pyramides respectives dont ils sont les centres de gravité; et le problème se résoudra comme il a été dit ci-dessus.

Du centre de gravité de la pyramide.

157. Soit ABCD (*fig.* 40) une pyramide triangulaire quelconque. Si nous considérons cette pyramide comme composée d'une infinité de tranches parallèles à la base BCD, il est visible qu'une droite menée de l'angle A en un point quelconque de la base couperait toutes ces tranches et la base elle-même, en des points semblablement placés : donc, si cette droite est menée au centre de gravité I de la base, elle passera par tous les centres de gravité des tranches parallèles. Le centre de gravité du système de ces tranches et, par conséquent, celui de la pyramide, devra donc se trouver sur la droite AI.

Mais, par un raisonnement tout à fait semblable, on voit que le centre de gravité de la pyramide doit aussi se trouver sur la ligne CH, qui serait menée de l'angle C au centre de gravité H de la face opposée : donc il sera nécessairement à l'intersection G de ces deux droites.

Ainsi les deux lignes AI et CH doivent nécessairement se rencontrer; et c'est ce que l'on voit d'ailleurs, indépendamment de la considération du centre de gravité : car si l'on tire CI, cette droite ira couper le côté BD en son milieu E, puisque le point I est le centre de gravité du triangle BCD; par la même raison, si l'on tire AH, cette droite ira rencontrer BD au même point E, et, par conséquent, les deux droites AI, CH seront dans un même plan, qui est celui du triangle AEC, et elles se couperont nécessairement.

Actuellement, si l'on remarque que le point I est au tiers de EC, et le point H au tiers de EA (152), il est clair qu'en joignant IH, cette droite sera parallèle à AC et en sera le tiers. Mais si la droite IH est le tiers de AC, à cause des triangles semblables IGH, AGC, le côté IG sera le tiers de son homologue GA, ou bien sera le quart de IA, et AG en sera les trois quarts.

Donc *le centre de gravité d'une pyramide triangulaire est situé sur une ligne menée de l'un quelconque des quatre angles au centre de gravité de la base opposée ; il est au quart de cette ligne, à partir de la base, ou aux trois quarts, à partir du sommet de l'angle.*

Remarque.

158. On peut aussi appliquer à la pyramide triangulaire une démonstration analogue à celle que l'on a donnée pour le triangle.

Mais pour cela considérons d'abord le prisme triangulaire : soit ABC*abc* (*fig.* 41) le prisme. Par le milieu E du côté AB de sa base ABC, conduisons deux plans EF*f*, ED*d* parallèles aux faces respectives BC*cb*, AC*ca*. Nous décomposerons ce prisme en deux autres, et un parallélépipède.

Si l'on nomme a la solidité de l'un de ces deux prismes, lesquels sont parfaitement égaux, on aura $4a$ pour celle du prisme proposé, et $2a$ pour celle du parallélépipède.

Cela posé, soit x la distance du centre de gravité du prisme total à la face BA*ab* ; on aura $4ax$ pour son moment par rapport à cette face. Soit de même, pour les deux prismes partiels, x' les distances de leurs centres de gravité au même plan, distances qui sont parfaitement égales entre elles; on aura $2ax'$ pour la somme de leurs moments. Enfin, nommant h la hauteur de l'arête Cc au-dessus du plan parallèle BAab, le moment du parallélépipède sera évidemment $2a\frac{h}{2}$, ou simplement ah. On aura donc

$$4ax = ah + 2ax',$$

et, par conséquent,

$$x = \frac{h}{4} + \frac{x'}{2};$$

et si l'on applique mot à mot tout ce qu'on a dit (153), on trouvera

$$x = \frac{h}{3}.$$

Ce qui fait voir que le centre de gravité d'un prisme triangulaire est, à l'égard de chaque face, au tiers de la hauteur de l'arête parallèle à cette face; d'où il est facile de conclure qu'il est sur la ligne Gg, qui joint les centres de gravité des deux bases. Et d'ailleurs il est aisé de voir que ce point tombe au milieu I de cette droite Gg, que je nommerai pour un moment *l'axe du prisme*. En effet, imaginez le prisme partagé en un nombre quelconque de prismes égaux par des plans parallèles à la base, et soit δ la distance du centre de gravité de l'un de ces petits prismes au milieu de son axe. Il est clair que le centre de gravité O de leur système, et, par conséquent, celui du prisme total, se trouvera aussi à la même distance δ du milieu I de son axe Gg. Or, quelque petite que soit la longueur d'un prisme, il est évident que le centre de gravité est toujours dans l'intérieur du solide : donc, puisque la longueur de chaque prisme partiel peut être rendue moindre que toute grandeur donnée, la distance $OI = \delta$ est moindre que tout ce qu'on voudra, et par conséquent nulle.

159. Actuellement, soit une pyramide triangulaire ABCD (*fig.* 42). Par le point L, milieu de AC, faites passer la section LMK parallèle à la base BCD, et la section LEF parallèle à la face ABD. Menez KH parallèle à LE, et joignez EH.

La pyramide proposée sera décomposée en deux prismes équivalents, l'un dont la base est EDH, l'autre dont la base est LEF, et en deux pyramides triangulaires ALMK, LCEF parfaitement égales entre elles, et semblables à la pyramide proposée.

Cela posé, égalons le moment de la pyramide totale, par rapport à la base BCD, à la somme des moments des deux prismes et des deux pyramides partielles, par rapport au même plan.

Soit a la solidité de l'une de ces deux pyramides, $8a$ sera celle de la pyramide entière; et si l'on nomme x la distance de son centre de gravité à la base, on aura $8ax$ pour son moment.

Soit h la hauteur de la pyramide entière; le prisme dont la base est EDH aura son centre de gravité élevé, au-dessus de la base, de $\frac{1}{2}\frac{h}{2}$; et comme sa solidité est $3a$, son moment sera $3a\frac{h}{4}$. Le second prisme, dont la base est LEF, aura son centre de gravité élevé au-dessus du plan BCD de $\frac{1}{3}\frac{h}{2}$ (158); et, comme sa solidité est $3a$, son moment sera $3a\frac{h}{6}$.

Enfin, si l'on nomme x' la hauteur du centre de gravité de la pyramide LCEF au-dessus de la base BCD, la hauteur du centre de gravité de la seconde pyramide ALMK sera évidemment $x' + \frac{h}{2}$, et l'on aura, pour la somme des moments de ces pyramides,

$$ax' + a\left(x' + \frac{h}{2}\right), \quad \text{ou} \quad \frac{ah}{2} + 2ax'.$$

On aura donc, en réunissant,

$$8ax = \frac{3ah}{4} + \frac{3ah}{6} + \frac{ah}{2} + 2ax';$$

réduisant, et divisant par $8a$,

$$x = \frac{7}{32}h + \frac{x'}{4}.$$

Si l'on supposait que, dans les pyramides semblables, les centres de gravité sont des points semblablement placés, comme les dimensions de la pyramide LCEF sont deux fois plus petites que celles de la pyramide proposée ABCD, on aurait

$$x' = \frac{x}{2};$$

et, substituant dans l'équation précédente, on trouverait

$$x = \frac{1}{4}h.$$

Ce qui nous ferait voir que, dans toute pyramide triangulaire, le centre de gravité est élevé au-dessus de chaque face au quart de la hauteur de l'angle opposé; d'où il est facile de conclure qu'il est au point déterminé ci-dessus. Mais on peut parvenir à l'équation précédente sans aucune hypothèse.

En effet, si l'on imagine que l'on ait fait dans la petite pyramide LCEF la même construction que l'on a faite dans la pyramide ABCD, en nommant x'' la distance analogue à celle qu'on a nommée x', et observant que la hauteur de la nouvelle pyramide n'est que la moitié de la hauteur h de la première, on aura, comme ci-dessus,

$$x' = \frac{7}{32}\frac{h}{2} + \frac{x''}{4},$$

et, continuant la même construction dans les pyramides successives, on trouvera

$$x'' = \frac{7}{32}\frac{h}{2^2} + \frac{x'''}{4},$$
$$x''' = \frac{7}{32}\frac{h}{2^3} + \frac{x^{\text{IV}}}{4},$$
$$\dots\dots\dots\dots\dots,$$

x''', x^{IV},... désignant les distances successives des centres de gravité des pyramides à la base. Or ces distances diminuent sans cesse, et deviennent plus petites que toute grandeur donnée, puisqu'elles sont toujours moindres que les hauteurs des pyramides dans lesquelles on les considère. On aura donc, en substituant successivement dans la première équation, à la place de x', x'', x''',..., leurs valeurs,

$$x = \frac{7}{32} h \left(1 + \frac{1}{2.4} + \frac{1}{2^2 4^2} + \frac{1}{2^3 4^3} + \dots\right),$$

d'où l'on tire

$$x = \frac{1}{4} h;$$

ce qu'il fallait démontrer.

Remarque.

Soient quatre masses égales dont les centres de gravité soient placés aux quatre angles d'une pyramide triangulaire : le centre de gravité de ces quatre corps est le même que celui de la pyramide.

Car, pour trouver celui des quatre corps, il n'y aurait qu'à prendre d'abord le centre de gravité de trois quelconques d'entre eux, lequel est au centre de gravité de la face même aux angles de laquelle ils sont placés (**154**), et joignant ensuite le centre de gravité du quatrième corps à ce point, il faudrait diviser cette droite à partir de la face, en raison réciproque de 3 à 1 : or cette construction donne aussi le centre de gravité de la pyramide.

Il résulte de là que la distance du centre de gravité d'une pyramide triangulaire à un plan situé d'une manière quelconque dans l'espace est égale à la moyenne distance de ses quatre angles au même plan.

La même propriété appartient aussi au prisme triangulaire.

Remarque générale.

160. Pour déterminer le centre de gravité d'un polyèdre, il n'est pas toujours nécessaire de le décomposer en pyramides triangulaires; il se présente souvent des simplifications dont il faut profiter.

Par exemple, on trouvera le centre de gravité d'un prisme quelconque à bases parallèles en prenant le centre de gravité de la section parallèle aux bases, menée entre elles à égales distances, ou bien, en prenant le milieu de la ligne qui joint les centres de gravité de ces deux bases.

Cette proposition est si facile à démontrer directement, ou à déduire de ce que nous avons dit sur le prisme triangulaire, qu'il est inutile de s'y arrêter.

161. Si l'on considère un cylindre quelconque à bases

parallèles comme un prisme dont la base est un polygone d'une infinité de côtés, il résulte de ce que nous venons de dire que le centre de gravité de ce cylindre est au milieu de la droite qui joint les centres de gravité de ses deux bases.

162. On a pu voir précédemment que le centre de gravité d'une pyramide triangulaire est le même que le centre de gravité de la section parallèle à la base, menée au quart de la hauteur du sommet.

Cette propriété s'étend à une pyramide quelconque; car si l'on partage la base en triangles par des diagonales, et que l'on conduise des plans par ces lignes et par le sommet, on décomposera la pyramide proposée en autant de pyramides triangulaires qu'il y a de triangles dans la base. Toutes ces pyramides auront une même hauteur, qui est celle de la proposée, et, par conséquent, leurs solidités respectives seront proportionnelles à leurs bases ou à des sections parallèles faites à même hauteur. Donc, si l'on coupe toutes ces pyramides par un plan parallèle au plan de leurs bases, mené au quart de la hauteur du sommet commun, puisque leurs centres de gravité respectifs sont les mêmes que ceux des sections triangulaires correspondantes, et que leurs solidités (ou leurs poids) sont proportionnels à ces sections, il s'ensuit que le centre de gravité du système de ces pyramides est le même que celui de tous les triangles ou du polygone qui résulte de leur assemblage.

Mais, si l'on tire une ligne droite du sommet au centre de gravité de ce polygone, cette droite ira passer au centre de gravité de la base, et sera coupée par le plan du polygone aux trois quarts de sa longueur en partant du sommet, ou au quart en partant de la base.

163. Donc *le centre de gravité d'une pyramide à base quelconque est sur la ligne menée du sommet au centre de gravité de la base, au quart de cette ligne en partant de la base, ou aux trois quarts en partant du sommet.*

164. En considérant le cône comme une pyramide dont la base est un polygone d'une infinité de côtés, on voit que le centre de gravité d'un cône à base quelconque est sur la ligne qui joint le sommet au centre de gravité de la base, au quart de cette ligne à partir de la base, ou aux trois quarts à partir du sommet du cône.

Centre de gravité du tronc de pyramide.

165. On voit d'abord que le centre de gravité d'un tronc de pyramide est sur la ligne qui joint les centres de gravité de ses deux bases : car supposez rétablie la pyramide entière dont on a retranché une pyramide semblable, par une section parallèle à la base, pour former le tronc dont il s'agit. Comme la ligne qui va du sommet au centre de gravité de l'une des bases passe au centre de gravité de l'autre, il s'ensuit que cette ligne passe à la fois par les centres de gravité de deux pyramides semblables, et, par conséquent, par celui du tronc qui en est la différence. Ainsi il ne reste qu'à trouver la distance de ce point à l'une ou à l'autre base, ou, si l'on veut, le rapport de ces deux distances.

Or, soit x la distance de ce centre à la base inférieure, et nommons H et h les hauteurs des deux pyramides semblables. Si l'on représente par H^3 le volume ou le poids de la grande pyramide, h^3 sera le poids de la petite, et $H^3 - h^3$ celui du tronc : et les trois moments de ces poids par rapport à la base inférieure seront $H^3 \frac{H}{4}$, $h^3 \left(\frac{h}{4} + H - h\right)$ et $(H^3 - h^3)\,x$. Donc, en égalant le premier de ces moments à la somme des deux autres, on aura, pour déterminer x, l'équation

$$4(H^3 - h^3)x = H^4 - 4h^3 H + 3h^4,$$

dont le premier membre est divisible une fois, et le second deux fois par $(H - h)$, qui est la hauteur du tronc.

Si l'on cherche de même la distance y du centre de gravité à la base supérieure, ou si l'on observe simplement que y est composée de $H - h$ diminuée de x, on trouvera l'équation

$$4(H^3 - h^3)y = h^4 - 4H^3 h + 3H^4,$$

dont le premier membre est divisible de même par $H - h$, et le second par $(H - h)^2$.

Comparant donc ces deux équations, et supprimant les facteurs communs, on aura, pour le rapport cherché, $x : y :: H^2 + 2Hh + 3h^2 : h^2 + 2hH + 3H^2$: ou bien, comme dans les pyramides ou les cônes semblables les bases sont proportionnelles aux carrés des hauteurs; si l'on met pour H^2 et h^2 les deux bases B et b du tronc, et, par conséquent, pour Hh une base $\sqrt{Bb}$ moyenne géométrique entre les deux, on aura la proportion

$$x : y :: B + 2\sqrt{Bb} + 3b : b + 2\sqrt{Bb} + 3B;$$

d'où résulte ce théorème :

Le centre de gravité d'un tronc de cône ou de pyramide est sur la ligne qui va du centre de gravité de l'une des bases au centre de gravité de l'autre, et il coupe cette ligne dans le rapport des deux sommes qu'on trouve, en prenant d'un côté : une fois la première base, deux fois la moyenne géométrique entre celle-ci et la seconde, et trois fois la seconde; et d'un autre côté, dans l'ordre inverse, une fois la seconde base, deux fois la moyenne et trois fois la première.

Au reste, on voit qu'il n'est pas nécessaire ici de mesurer ces bases (dont la quadrature pourrait être longue, ou même assez difficile dans le cas d'une base courbe), mais qu'il suffit d'avoir trois quantités qui leur soient proportionnelles, et, par conséquent, de prendre dans les deux bases semblables du tronc proposé deux lignes homologues A et a, de faire les carrés A^2 et a^2, et le rectangle Aa qui sera moyen géométrique entre eux.

On peut remarquer que, dans la proportion précédente, le rapport de x à y ne dépend point de la hauteur du tronc, mais uniquement du rapport des bases, et que, par conséquent, il est le même pour tous les troncs possibles de bases proportionnelles.

Si les deux bases du tronc sont égales, la proportion donne $x=y$; et, en effet, le solide devient alors un prisme ou un cylindre dont le centre est également éloigné des deux bases.

Si l'une des bases b est nulle, on a, pour la distance x du centre à l'autre base B, $3x=y$; et, en effet, le tronc dont il s'agit devient alors une pyramide ou un cône, dont le centre est trois fois plus près de la base que du sommet.

On pourrait multiplier les exemples; mais ce que nous avons dit suffit pour l'objet que nous nous sommes proposé. Nous terminerons ce Chapitre par quelques propriétés remarquables des centres de gravité.

Propriétés générales du centre de gravité.

I.

166. Lorsque les forces P, Q, R, S,... (*fig.* 43), dirigées comme on voudra dans l'espace, se font équilibre autour d'un même point A, on sait que ces forces, estimées suivant une droite quelconque AX passant par ce point, doivent aussi se faire équilibre.

Donc, si ces forces sont représentées par les parties AP, AQ, AR, AS,... de leurs directions, la somme de leurs projections A*p*, A*q*, A*r*, A*s*,..., sur l'axe AX, doit être égale à zéro, en comptant comme positives les projections qui tombent d'un même côté du point A, et comme négatives celles qui tombent de l'autre côté. Mais si l'on menait par le point A un plan MN perpendiculaire à AX, les projections A*p*, A*q*, A*r*,... exprimeraient les distances des extrémités des forces au plan MN; donc, puisque leur somme est nulle, la moyenne distance de ces points au plan MN est aussi nulle.

Donc, *lorsque tant de forces que l'on voudra sont en équilibre sur un point, ce point est le centre de gravité de corps ou points massifs égaux qui seraient placés aux extrémités des lignes qui représentent les forces en grandeurs et en directions.*

Et réciproquement, *si l'on considère un assemblage quelconque de masses égales, et qu'on mène de leurs différents centres des lignes au centre de gravité du système, il est visible que des forces représentées en grandeurs et en directions par ces lignes se feraient équilibre entre elles.*

Car la moyenne distance des extrémités de ces forces à un plan quelconque passant par le centre de gravité serait nulle ; la somme de ces forces estimées suivant un axe quelconque passant par ce point serait donc nulle aussi, et, par conséquent, il y aurait équilibre.

On voit par là que, si trois forces sont en équilibre sur un point, ce point est le centre de gravité du triangle formé par les droites qui joindraient les extrémités des lignes qui représentent ces forces en grandeurs et en directions ; car le centre de gravité du triangle est le même que celui des trois corps égaux dont les centres seraient placés aux trois angles.

Et de même, si quatre forces sont en équilibre autour d'un point, ce point est le centre de gravité de la pyramide triangulaire formée par les six droites qui joignent les extrémités des lignes qui représentent les quatre forces en grandeurs et en directions.

Et réciproquement il y a équilibre entre trois forces exprimées par les distances des trois angles d'un triangle quelconque, au centre de gravité de ce triangle ; et de même, entre quatre forces représentées par les distances des quatre coins d'une pyramide triangulaire quelconque, au centre de gravité de cette pyramide.

Mais voici une conséquence plus générale : si l'on suppose que toutes les molécules égales d'un corps de figure quelconque soient attirées vers un même point par des forces proportionnelles à leurs distances à ce point, et qu'il y ait équilibre, ce point sera nécessairement le centre de gravité du corps.

Et réciproquement, si le point vers lequel toutes les molécules sont attirées proportionnellement à leurs distances est le centre de gravité du corps, il y aura équilibre, et le corps ne pourra prendre aucun mouvement en vertu de ces attractions.

C'est le cas de la terre supposée sphérique et homogène : car, dans la loi de Newton, si une molécule située au dehors du globe est attirée en raison inverse du carré de sa distance au centre, on trouve que, dans l'intérieur, chaque molécule pèse vers le centre en raison de la simple distance. Ainsi toutes les forces de la gravité se font équilibre autour du centre de la terre.

Au reste, je ne donne ce corollaire que comme le résultat mathématique d'une simple hypothèse, et non pas comme une preuve de l'équilibre de la terre en vertu des différents poids de toutes ses parties; car il est manifeste que cet équilibre a lieu dans la nature, mais par une autre raison générale qui ne dépend ni de la proportion ni de la direction des forces de la gravité. Et, en effet, si le poids de chaque particule de la terre vient de l'attraction que toutes les autres exercent sur elles, comme, entre deux particules égales, l'action est nécessairement égale et réciproque, il s'ensuit que le poids de chaque particule est la résultante d'une infinité de forces dont chacune a son égale et contraire dans le système, et que, par conséquent, toutes ces résultantes ou tous ces poids doivent se faire équilibre entre eux, quelles que soient d'ailleurs et la forme et la constitution de notre globe, et même la loi d'attraction qui pourrait exister entre les parties de la matière.

II.

Désignons par $M+1$ le nombre des forces P, Q, R, S,..., qui se font équilibre autour du point A, et considérons toujours les $M+1$ corps ou points massifs égaux placés aux extrémités des lignes qui représentent ces forces.

Le point A étant le centre de gravité de tous ces corps, il est clair que si la ligne PA, qui va de l'un d'eux au point A, est prolongée d'une quantité AG égale à la M^{ième} partie de sa longueur, le point G sera le centre de gravité des M autres corps. Mais toutes les forces P, Q, R, S,... étant en équilibre, l'une d'elles P est égale et directement opposée à la résultante des M autres Q, R, S,.... Donc on a ces théorèmes :

1° *La résultante de* M *forces représentées par autant de lignes qui partent d'un même point* A *est dirigée de ce point vers le centre de gravité* G *de* M *corps égaux qu'on supposerait placés aux extrémités de ces lignes ; et la grandeur de cette résultante est représentée par* M *fois la distance* AG *du point d'application de ces forces à ce commun centre de gravité.*

On peut conclure de là que, si les molécules égales d'un corps ou système de figure quelconque s'attirent en raison de leurs distances mutuelles, chaque molécule du corps pèse vers le centre de gravité en raison de sa distance à ce centre; car, en représentant les forces d'attraction par les distances mêmes qui séparent les M points égaux du système, il en résulte pour chacun d'eux une attraction totale, représentée par M — 1 fois sa distance au centre de gravité des M — 1 autres, ou, ce qui est la même chose, par M fois sa distance au centre de gravité des M points qui composent le système entier.

On voit encore que, dans cette loi d'attraction, des corps de figure quelconque agiraient exactement les uns sur les autres, comme si leurs masses étaient réduites à des points et se trouvaient, pour ainsi dire, concentrées dans leurs propres centres de gravité; ce qui, dans la loi de Newton, ne peut avoir lieu que pour des sphères homogènes ou pour des composés de différentes couches sphériques dont chacune serait d'une densité uniforme.

2° *Si l'on considère* M *corps égaux disposés entre eux comme on voudra, leur centre de gravité* G *peut se trouver en menant de ces corps autant de lignes à un point quelconque* A *de l'espace, composant entre elles toutes ces lignes à la manière des forces, et prenant, à partir du point* A, *la* $M^{ième}$ *partie de la ligne résultante.*

Si l'on suppose que le point A change de position dans l'espace, les forces représentées par les lignes qui vont des corps à ce point changeront de grandeurs et de directions; mais les résultantes de ces divers groupes de forces concourantes ne cesseront pas de passer par le même point G : et il est évident que la même chose aurait lieu si, le point A restant fixe, on faisait varier d'une manière quelconque la position du système.

Donc ce point G, qui dans les corps pesants est le centre des forces *égales et parallèles* que l'on suppose venir de la gravité, est aussi le centre des forces qui seraient *convergentes* vers un point quelconque A de l'espace, et proportionnelles aux distances des molécules à ce point.

Si donc le centre de gravité d'un corps est fixe, le corps soumis à de telles forces convergentes sera en équilibre dans toutes les situations qu'on voudra lui donner autour de ce point fixe. Ainsi, comme au dedans de la terre supposée sphérique et homogène les molécules pèsent vers le centre en raison des simples distances, il s'ensuit que, dans l'intérieur du globe, si un corps est soutenu par son centre de gravité, il restera en équilibre autour de ce point dans toutes les situations. Mais il n'en sera plus de même au-dessus du globe, où l'attraction devient réciproque au carré de la distance; et si le corps, par exemple, est un cylindre droit soutenu par le milieu de son axe, il ne pourra être en équilibre que dans la position où cet axe est horizontal, ou perpendiculaire à l'horizon.

Comme, dans la nature, les forces de gravité ne sont, ni exactement parallèles, ni exactement convergentes, ni dans les rapports précis qu'on vient de dire, on voit qu'à la rigueur il n'y a point dans un corps pesant de vrai centre de *gravité*, je veux dire de point unique autour duquel les forces de la gravité se contre-balancent pour toutes les situations possibles du corps. Mais dans les corps de peu d'étendue que nous considérons sur la terre, le point que nous avons déterminé jouit à très-peu près de cette propriété, et l'erreur est insensible.

III.

Tout ce qu'on vient de dire de plusieurs points massifs égaux, et des forces représentées par leurs distances à un même point de l'espace, s'applique naturellement à un système de points ou corps inégaux, dont les masses seraient m, m', m'', ...; car il suffit de considérer chacun de ces corps, tel que m, comme un groupe de m points égaux, et de prendre pour la force appliquée à ces corps m fois la distance de son centre au point dont il s'agit.

Ainsi, en nommant r, r', r'', ... les distances des centres des corps m, m', m'', ... à ce point ou foyer commun A, et faisant $m + m' + m'' + \ldots = M$, on peut dire que le centre de gravité G de tous ces corps se trouve sur la direction de la résultante des forces mr, $m'r'$, $m''r''$, ..., et à la M^{ième} partie de la ligne qui la représente.

Nommons R cette distance du centre G au point A; X, Y, Z les trois coordonnées rectangles de G par rapport au même point, et soient de même x, y, z; x', y', z', ...

les coordonnées de $m, m', \ldots$. Les forces mx, my, mz; $m'x', m'y', m'z', \ldots$ seront les composantes des forces $mr, m'r', \ldots$, et $\mathrm{M}\mathrm{x}$, $\mathrm{M}\mathrm{y}$, $\mathrm{M}\mathrm{z}$ celles de la résultante $\mathrm{M}\mathrm{R}$. On aura donc

$$\begin{aligned}
\mathrm{M}\mathrm{X} &= mx + m'x' + m''x'' + \ldots, \\
\mathrm{M}\mathrm{Y} &= my + m'y' + m''y'' + \ldots, \\
\mathrm{M}\mathrm{Z} &= mz + m'z' + m''z'' + \ldots.
\end{aligned}$$

Faisant les carrés, ajoutant, et observant qu'on a

$$\begin{aligned}
\mathrm{X}^2 + \mathrm{Y}^2 + \mathrm{Z}^2 &= \mathrm{R}^2, \\
x^2 + y^2 + z^2 &= r^2, \\
x'^2 + y'^2 + z'^2 &= r'^2, \\
\ldots\ldots\ldots\ldots\ldots\ldots\ldots &,
\end{aligned}$$

on trouvera

$$\begin{aligned}
\mathrm{M}^2\mathrm{R}^2 = m^2 r^2 &+ m'^2 r'^2 + m''^2 r''^2 + \ldots \\
&+ 2mm'(xx' + yy' + zz') + \ldots \\
&+ 2mm''(xx'' + yy'' + zz'') + \ldots \\
&+ \ldots\ldots\ldots\ldots\ldots\ldots\ldots\ldots
\end{aligned}$$

Au lieu du terme $2mm'(xx' + yy' + zz')$, on pourrait mettre, comme on l'a vu (**113**), le terme $2mr.m'r' \cos\varphi$; φ étant l'inclinaison mutuelle des deux lignes r et r', et ainsi des autres; d'où l'on tire en passant ce théorème connu :

Le carré de la résultante de tant de forces qu'on voudra appliquées sur un point est égal à la somme des carrés de ces forces, et des doubles produits qu'on peut faire en les multipliant, deux à deux, l'une par l'autre et par le cosinus de leur inclinaison mutuelle.

On peut encore transformer chaque terme

$$2mm'(xx' + yy' + zz')$$

d'une autre manière: car, si l'on désigne par α la distance de m à m', on a

$$\alpha^2 = (x - x')^2 + (y - y')^2 + (z - z')^2,$$

et, par conséquent,

$$2(xx' + yy' + zz') = r^2 + r'^2 - \alpha^2;$$

on a de même, en nommant β la distance de m à m'',

$$2(xx'' + yy'' + zz'') = r^2 + r''^2 - \beta^2,$$

et ainsi des autres. En substituant ces valeurs, on aura cette nouvelle expression du carré de la résultante $M\mathrm{R}$,

$$\begin{aligned} M^2\mathrm{R}^2 = m^2 r^2 + m'^2 r'^2 + m''^2 r''^2 + \ldots \\ + mm'(r^2 + r'^2 - \alpha^2) + \ldots \\ + mm''(r^2 + r''^2 - \beta^2) + \ldots \\ + \ldots\ldots\ldots\ldots\ldots\ldots\ldots\ldots \end{aligned}$$

Or, dans le second membre de cette équation, r^2 est multiplié par

$$m^2 + mm' + mm'' + \ldots = m(m + m' + m'' + \ldots) = mM:$$

le carré r'^2 est multiplié de même par $m'M, \ldots$; donc enfin, en réduisant, on aura cette équation remarquable

$$M^2\mathrm{R}^2 = M\int(mr^2) - \int(mm'\alpha^2),$$

où le signe $\int(mr^2)$ indique la somme des produits des masses par les carrés des distances de leurs centres au point A; et le signe $\int(mm'\alpha^2)$ la somme de leurs produits deux à deux par les carrés des distances mutuelles de ces centres.

Par cette formule, qui ne contient plus que les distances mutuelles des corps, et leurs distances à un point quelconque A de l'espace, on peut trouver à quelle distance R de ce point A est situé le centre de gravité G du système; de sorte qu'en cherchant ainsi cette distance par rapport à trois points donnés, on aurait la position du point G dans l'espace.

Si le point A change de position, ces distances R et r, r', r'',... varient; mais les distances mutuelles α, β, γ,... des différents corps ne changent point par hypothèse, et le terme $\int(mm'\alpha^2)$ est constant ; donc, puisque l'équation précédente nous donne

$$M\int(mr^2) = \int(mm'\alpha^2) + M^2R^2,$$

il s'ensuit que le point A de l'espace pour lequel $\int(mr^2)$ a la plus petite valeur est celui pour lequel on a $R = 0$, et que, par conséquent, ce point est le centre de gravité G du système.

Ainsi *le centre de gravité d'un système de corps jouit de cette propriété, que la somme des produits des masses par les carrés des distances de leurs centres respectifs à ce point est un* minimum, *c'est-à-dire est plus petite que pour tout autre point de l'espace.*

Quant à cette valeur *minimum* de $\int(mr^2)$, on voit, par l'équation ci-dessus où l'on fait $R = 0$, qu'elle est égale à la somme des produits qu'on peut faire en prenant les masses deux à deux, les multipliant l'une par l'autre et par le carré de leur distance mutuelle, et divisant le tout par la masse entière du système; ce qui donne un second théorème qui peut être utile dans plusieurs occasions.

Si le point A, en variant de position, reste toujours sur une sphère décrite autour du centre de gravité du système, R est constante, et, par conséquent, $\int(mr^2)$ ne change point, quoique les distances individuelles r, r',

r'',... varient par ce déplacement du point A; et il en serait de même si, le point A restant fixe, le système tournait d'une manière quelconque autour de son centre G.

Le centre de gravité d'un système jouit donc encore de cette propriété, que si l'on fait tourner comme on voudra le système autour de ce centre, la somme des produits des masses par les carrés de leurs distances à un point fixe quelconque reste toujours la même.

Si l'on suppose, comme nous l'avions fait d'abord, que toutes les masses m, m', m'',... soient égales entre elles et à l'unité, M en marque le nombre, et l'équation précédente devient

$$M\int(r^2) = \int(\alpha^2) + M^2R^2,$$

formule plus simple, et qu'on appliquerait également à tous les systèmes possibles, en imaginant que les différents corps y soient tous divisés en parties égales.

Dans le cas de $R = 0$, on a $M\int(r^2) = \int(\alpha^2)$, d'où l'on tire ce théorème de Géométrie :

La somme des carrés des distances mutuelles de M points égaux est égale à M fois la somme des carrés de leurs distances à leur commun centre de gravité.

On voit par là que la somme des carrés des six arêtes d'une pyramide triangulaire est égale à quatre fois la somme des carrés des distances des sommets au centre de gravité de la pyramide; car ce centre est le même que celui de quatre corps égaux placés à ces sommets; etc.

Dans ce qui précède, on n'a considéré qu'un système invariable de figure, c'est-à-dire dont les points sont liés de manière qu'aucune de leurs distances mutuelles ne puisse changer. Mais on voit encore ici que, *si la figure du système était variable suivant cette condition, que la somme des carrés des distances mutuelles des différents points fût constante, la somme des carrés de leurs distances au centre de gravité demeurerait aussi constante, et réciproquement.*

Mais je passe à d'autres propriétés des centres de gravité.

IV.

167. Soit une courbe plane quelconque ABC (*fig.* 44), qui tourne autour d'un axe PZ situé dans son plan, de manière que tous les points de la courbe demeurent toujours aux mêmes distances de cet axe; cette courbe engendre une surface que l'on nomme *surface de révolution.*

Pour en déterminer l'aire, on peut remarquer que chaque élément ds de la courbe génératrice produit une surface de cône tronqué dont l'aire est égale au côté ds multiplié par la circonférence du cercle que décrit son milieu, ou son centre de gravité i, autour de l'axe PZ.

Donc, si l'on suppose tous ces éléments égaux, la surface entière sera égale à leur somme multipliée par la circonférence moyenne entre celles que décrivent tous leurs centres de gravité.

Mais cette moyenne circonférence a pour rayon la moyenne distance de tous ces points à l'axe de révolution, ou bien (140) la distance du centre de gravité de la courbe au même axe. Donc on peut dire :

Que l'aire d'une surface de révolution est égale à la longueur de la génératrice multipliée par la circonférence que décrit son centre de gravité autour de l'axe de révolution.

On voit de la même manière que, si plusieurs courbes situées dans le même plan tournent autour d'un axe situé dans ce plan, la somme des surfaces engendrées est égale à la somme des génératrices, multipliée par la circonférence que décrit le centre de gravité de leur système.

Mais il faut observer que, lorsque la génératrice ou les génératrices ne sont pas situées en entier d'un même côté de l'axe, l'expression précédente ne donne plus que la somme des aires engendrées par les parties qui sont d'un côté de cet axe, moins la somme des aires engendrées par les parties qui sont de l'autre côté.

On peut appliquer aussi la théorie des centres de gravité à la cubature des solides de révolution; et il n'est pas difficile de voir que *le volume d'un solide de révolution est égal à l'aire de la section génératrice multipliée par la circonférence que décrit son centre de gravité autour de l'axe fixe.*

En effet, si l'on considère un rectangle *bcde* (*fig.* 45) qui tourne autour de l'axe PZ parallèle à l'un de ses côtés *bc*, il est clair que le solide engendré par ce rectangle est égal à la différence de deux cylindres de même hauteur *cd*, et dont l'un a pour rayon la distance *ca* du côté *cd* à l'axe fixe, et l'autre la distance *ba* du côté *be* au même axe. Ce solide est donc exprimé par $\left(\varpi\overline{ac}^2 - \varpi\overline{ab}^2\right)cd$, en nommant ϖ le rapport de la circonférence au diamètre. Si l'on met $ca - cb$ à la place de ab, l'expression précédente devient $\varpi\left(2ac \times bc - \overline{bc}^2\right)cd$, ou $bc \times cd \times 2\varpi\left(ac - \frac{bc}{2}\right)$, c'est-à-dire égale au rectangle *bcde*, multiplié par la circonférence décrite d'un rayon moyen entre les rayons *ca* et *ba*, ou bien égale à la distance du centre de gravité du parallélogramme à l'axe de révolution.

Donc, si l'on conçoit la section génératrice ZMN comme partagée en une infinité de petits rectangles égaux, on pourra dire que le solide total engendré est égal à la somme de tous ces rectangles, ou à l'aire de la section ZMN, multipliée par la circonférence moyenne entre toutes celles que décrivent leurs centres de gravité autour de l'axe. Mais cette moyenne circonférence a pour rayon la moyenne distance de tous ces points au même axe ou la distance du centre de gravité à cet axe. Donc, etc.

On pourrait voir encore, par un raisonnement à peu près semblable au précédent, que si une surface plane terminée par une courbe quelconque se meut dans l'espace de manière que son plan soit toujours (au même point) perpendiculaire à une courbe quelconque à double courbure, le solide engendré est égal à l'aire de la surface génératrice multipliée par la longueur de la courbe que parcourt son centre de gravité.

Mais nous ne nous arrêterons pas à démontrer cette proposition, que l'on pourrait déduire, aussi bien que les précédentes, des formules connues pour les centres de gravité; nous ne ferons même aucune application particulière de cette théorie aux surfaces et aux solides dont on a immédiatement la mesure en Géométrie. Notre seul but était de montrer ce rapprochement remarquable de considérations qui paraissent d'abord étrangères entre elles, mais qui s'enchaînent comme toutes les questions soumises aux Mathématiques, et se fondent, pour ainsi dire, les unes dans les autres, lorsqu'on écarte un instant et les idées et les noms que l'objet particulier de chaque question nous rappelle.

CHAPITRE IV.

DES MACHINES.

168. On définit ordinairement les machines des instruments destinés à transmettre l'action des forces.

Sous ce point de vue général, tous les corps de la nature sont des machines, parce qu'ils sont propres à transmettre l'action des forces qui leur sont appliquées; mais lorsque des forces réagissent les unes sur les autres par l'intermédiaire d'un corps ou système parfaitement libre, il est impossible qu'elles se fassent équilibre, à moins qu'elles ne remplissent les conditions que nous avons établies précédemment. Or, au moyen des machines proprement dites, on peut mettre en équilibre des forces quelconques qui ne satisfont pas à ces conditions; et, par conséquent, pour mieux caractériser les machines, et les distinguer des autres corps, on pourrait les définir des instruments propres à mettre en équilibre des forces de grandeurs et de directions quelconques.

Mais en suivant cette idée, si des forces incapables de se faire équilibre sur un corps entièrement libre peuvent néanmoins se faire équilibre sur une machine, il faut donc en conclure que les corps qui forment les machines ne sont pas entièrement libres, mais sont gênés par des obstacles qui les empêchent d'obéir au mouvement que les forces tendent à leur imprimer et leur imprimeraient réellement s'ils étaient libres. Ainsi l'on est conduit naturellement à cette définition générale des machines, savoir : *les machines ne sont autre chose que des corps ou systèmes gênés dans leurs mouvements par des obstacles quelconques*.

Il n'est pas difficile de comprendre, d'après cela, comment des forces de grandeurs quelconques peuvent se faire équilibre sur de tels corps, car il n'est plus nécessaire que les forces résultantes soient nulles d'elles-mêmes; mais il suffit qu'elles se dirigent vers les obstacles qui les détruisent par leurs résistances. Ainsi, à l'aide d'un corps solide qui s'appuierait, par exemple, contre un point fixe, une force médiocre ferait équilibre à une très-grande force, si elle était disposée à l'égard de celle-ci de manière que leur résultante commune fût dirigée vers le point fixe : d'où l'on voit que la plus petite force seule ne fait pas équilibre à la plus grande, ce qui serait impossible, mais qu'elle ne sert, en quelque sorte, qu'à détourner l'effort de la plus grande, et à le faire passer avec le sien propre combiné, vers un obstacle invincible.

Au fond, lorsqu'on fait équilibre à une puissance quelconque à l'aide d'une machine, on emploie réellement plus de force qu'en appliquant directement une force égale et contraire à celle qu'on veut détruire, si l'on compte la résistance de l'obstacle pour une force. Mais comme ces résistances qui proviennent des obstacles sont par elles-mêmes incapables de produire du mouvement, et ne peuvent servir qu'à le détruire, nous n'en tenons pas compte, parce que nous ne dépensons réellement que la force appliquée. Au reste, dans la théorie de l'équilibre des machines, rien n'empêche de considérer les obstacles comme tenant lieu des forces égales et contraires à celles qu'ils détruisent actuellement; et, si l'on conçoit qu'on ait ainsi substitué à la place de ces obstacles des forces qui représentent leurs résistances actuelles, ce n'est plus entre les seules forces appliquées qu'il y a équilibre, mais entre les forces appliquées et les résistances; de manière que les lois de l'équilibre des machines deviennent les mêmes que celles de l'équilibre des corps parfaitement libres.

C'est d'après cette considération que nous avons trouvé, à la fin du second Chapitre, les lois de l'équilibre des corps assujettis à diverses conditions particulières. Ceux qui auront lu cet article verront que nous aurions peu de chose à y ajouter ici, et qu'il renferme de la manière la plus générale la théorie de l'équilibre des trois machines simples auxquelles on peut aisément ramener toutes les autres; mais, en faveur de ceux qui veulent étudier les machines d'une manière plus élémentaire, nous allons entrer dans les détails convenables.

169. Nous réduirons les machines simples à trois principales, que l'on peut considérer, si l'on veut, dans l'ordre suivant, eu égard à la nature de l'obstacle qui gêne le mouvement du corps : le *levier*, le *tour* et le *plan incliné*.

Dans la première machine, l'obstacle est un *point fixe* autour duquel le corps a la liberté de tourner en tous sens.

Dans la seconde, l'obstacle est une *droite fixe* autour de laquelle tous les points du corps n'ont que la liberté de tourner dans des plans parallèles entre eux.

Dans la troisième, l'obstacle est un *plan inébranlable*

contre lequel le corps s'appuie, et sur lequel il a la liberté de glisser.

Comme on n'a d'abord considéré cette dernière machine que par rapport aux corps pesants qu'on retient en équilibre sur des plans inclinés à l'horizon, on lui a donné et elle a gardé le nom de *plan incliné*.

Nous parlerons successivement de ces trois machines, et de quelques-unes qui s'y rapportent, dont l'usage est le plus fréquent. Nous ferons abstraction des diverses circonstances physiques qui peuvent influer sur l'équilibre, telles que le frottement des corps les uns sur les autres, et la roideur des cordes au moyen desquelles les forces transmettent leur action aux divers points de la machine. Ainsi l'on supposera que l'action de chaque force se transmet suivant l'axe de la corde à laquelle elle est appliquée, de manière que l'on pourra considérer les cordes comme des fils parfaitement flexibles et inextensibles. On verra facilement dans quels cas et comment on doit avoir égard aux diamètres des cordes. Au reste, nous parlerons plus loin de ces sortes d'instruments qu'on a mis au rang des machines, et qu'on nomme *machines funiculaires*. Ce que nous en avons dit ici suffit pour notre objet.

DU LEVIER.

170. Soient deux forces quelconques P et Q (*fig*. 46) appliquées immédiatement, ou suivant des cordons, aux deux points A et B d'un levier AFB de figure quelconque; soit F le point fixe autour duquel le levier a la liberté de tourner et qu'on nomme ordinairement le *point d'appui:* on demande les conditions de l'équilibre, en faisant d'abord abstraction de la pesanteur du levier.

Du point F j'abaisse sur les directions des deux forces P et Q deux perpendiculaires FH, FI, qui rencontrent ces directions, prolongées, s'il est nécessaire, en H et I; et regardant ces deux points comme invariablement liés aux points A et B, je suppose que les deux forces P et Q y agissent immédiatement.

Cela posé, j'applique au point F deux forces contraires, P' et — P, égales et parallèles à P, et, au même point F, deux autres forces contraires Q' et — Q, égales et parallèles à Q. Il est clair que le levier reste toujours dans le même état; mais on peut considérer actuellement, au lieu des deux forces primitives P et Q, 1° deux forces P' et Q' respectivement égales et parallèles à ces forces, et de même sens, mais appliquées en F; 2° deux couples (P, — P), (Q, — Q), dont les bras de levier sont FH et FI.

Or la résultante des deux forces P' et Q' est toujours détruite par la résistance du point d'appui, si l'on suppose le levier invariablement lié à ce point, de manière qu'il ne puisse prendre qu'un mouvement de rotation autour de lui. Mais le couple résultant des deux couples (P, — P) et (Q, — Q) ne peut jamais être détruit par ce point fixe (76) et, par conséquent, il faut, pour l'équilibre, que ce couple résultant soit nul de lui-même, ou que les deux couples composants (P, — P) et (Q, — Q) soient équivalents et contraires. Ces deux couples doivent donc se trouver dans des plans parallèles, et, par conséquent, dans le même plan, puisque leurs plans se rencontrent déjà au point F. En second lieu, leurs moments $P \times FH$, $Q \times FI$ doivent être égaux, et ils doivent tendre à faire tourner en sens contraires.

Donc, *pour l'équilibre du levier, il est nécessaire et il suffit :* 1° *que les deux forces* P *et* Q *qui le sollicitent soient dans un même plan avec l'appui ; 2° que leurs moments, par rapport à ce point, soient égaux ; 3° qu'elles tendent à faire tourner en sens contraires.*

A l'égalité des moments $P \times FH = Q \times FI$, on peut substituer la proportion $P : Q :: FI : FH$, qui exprime que les forces P et Q doivent être en raison réciproque de leurs distances au point d'appui.

De la charge du point d'appui.

171. Dans le cas de l'équilibre, l'appui n'est pressé que par les deux forces P′ et Q′ qui y sont immédiatement appliquées; car les deux couples (P, —P), (Q, — Q) étant en équilibre d'eux-mêmes, c'est-à-dire même en supposant que le levier ne soit pas soutenu, il est clair qu'ils ne peuvent nullement charger le point fixe.

Ainsi *la pression qu'éprouve le point d'appui est absolument la même que si les deux forces* P *et* Q *s'y transportaient parallèlement à elles-mêmes, sans changer de grandeur ni de sens.*

172. Si l'on achève sur les côtés FP′, FQ′, qui représentent les forces P′ et Q′, le parallélogramme FQ′RP′, la diagonale FR représentera donc la charge R de l'appui ; et, par conséquent, si la résistance de cet appui n'est pas indéfinie, on pourra juger de quelle résistance il doit être capable, pour n'être pas entraîné par l'action des forces P et Q qui sollicitent le levier.

Comme les forces P′ et Q′ sont parfaitement égales et parallèles aux forces respectives P et Q, et de même sens, les trois côtés et les trois angles du triangle FRQ′, ou du triangle FRP′, représentent les six choses que l'on peut considérer dans le levier, savoir : les deux forces P et Q, la charge R de l'appui, et les inclinaisons mutuelles des directions de ces trois forces.

Donc, si l'on connaît trois quelconques de ces six choses, pourvu qu'il y entre la grandeur de l'une des forces P, Q, R, on pourra trouver les trois autres, de la même manière que l'on résoudrait le triangle FRQ'.

173. On observera que tout ce que nous avons dit a lieu, quelles que soient la figure du levier et les dispositions mutuelles des forces P et Q, et du point d'appui.

Si les forces P et Q (*fig.* 47) sont parallèles, on peut mener du point fixe une perpendiculaire commune HI sur leurs directions, et ces deux forces devront être en raison réciproque des parties FH et FI, comprises entre leurs directions et l'appui.

La charge de ce point sera égale à la somme des forces $P+Q$, ou à leur différence $P-Q$, selon qu'elles seront toutes deux de même sens (*fig.* 47), ou de sens contraires (*fig.* 48).

Lorsque le levier est droit, les parties HF et FI sont proportionnelles aux parties AF et BF, qui sont les distances des points d'application des forces au point d'appui, distances comptées sur le levier lui-même, et que l'on nomme proprement *les bras du levier;* et, par conséquent, dans l'équilibre du levier droit, les forces sont réciproques à leurs bras de levier.

174. Si l'on veut considérer l'une des deux forces P et Q, la force P par exemple, comme celle qui tend à donner le mouvement à la machine, et que l'on nommera la *puissance*, et l'autre force Q comme l'effort qu'il faut vaincre, et que l'on nommera la *résistance*, on pourra distinguer plusieurs espèces de leviers, suivant la place qu'occupe le point d'appui F, relativement à ces deux forces.

Si l'appui tombe entre la puissance et la résistance, on aura le levier de la première espèce (*fig.* 47), où la puissance a d'autant plus d'avantage que son bras de levier AF est plus long.

Si l'appui laisse la résistance Q entre lui et la puissance P, on aura le levier de la seconde espèce (*fig.* 48), où la puissance a toujours de l'avantage.

Enfin, si la puissance tombe entre le point d'appui et la résistance, on aura le levier de la troisième espèce (*fig.* 49), où la puissance a toujours du désavantage.

Mais ces différents leviers reviennent tous au même, sous le rapport de l'équilibre. De quelque manière que la puissance et la résistance soient disposées entre elles et à l'égard du point d'appui, si on les transporte toutes deux parallèlement à elles-mêmes en ce point, il faut toujours que les deux couples qui en naissent soient équivalents et contraires : ainsi les distinctions précédentes sont inutiles dans la théorie, et ne peuvent servir que dans le discours.

175. Supposons actuellement que le levier soit sollicité par un nombre quelconque de puissances P, Q, R,... (*fig.* 50), toutes situées dans un même plan avec le point d'appui F. En abaissant de ce point les perpendiculaires FH, FI, FK,... sur leurs directions, et considérant chaque force P comme transformée en une autre égale, parallèle et de même sens, appliquée en F, et un couple (P, — P) qui a pour bras de levier la distance FH de cette force au point fixe, on verra, comme ci-dessus, que la résultante de toutes les forces transportées sur le point fixe est toujours détruite par sa résistance, mais

que le couple résultant doit être nul de lui-même pour l'équilibre, comme si la verge était parfaitement libre : d'où l'on conclura que la somme des moments $P \times FH$, $Q \times FI$, $R \times FK, \ldots$ doit être égale à zéro, en comptant comme positifs tous les moments des forces qui tendent à faire tourner dans un sens, et comme négatifs les moments qui tendent à faire tourner dans le sens contraire.

On trouvera aussi que la charge du point d'appui est absolument la même que si toutes les forces s'étaient transportées parallèlement à elles-mêmes en ce point, sans changer de grandeur ni de sens.

176. Si les forces P, Q, R,... agissaient dans des plans différents, on verrait de la même manière qu'en transportant toutes ces forces parallèlement à elles-mêmes au point fixe tous les couples qui en proviennent doivent donner un couple résultant nul de lui-même, ou doivent être en équilibre entre eux.

Mais, pour exprimer cette condition, il faut ici trois équations qui expriment que la somme des moments des forces, estimés par rapport à trois axes qui se croisent dans l'espace au point d'appui, soit nulle d'elle-même à l'égard de chacun de ces axes (65).

Sur quoi l'on peut observer que les trois axes peuvent être menés d'une manière quelconque par le point fixe, pourvu qu'ils ne soient pas dans un même plan; car les trois équations précédentes n'assureraient pas alors l'équilibre du corps.

Puisque les couples qui naissent des forces transportées au point fixe doivent être en équilibre d'eux-mêmes, il s'ensuit que les forces appliquées aux divers points du levier doivent se réduire aux mêmes forces, mais réunies parallèlement à elles-mêmes au point d'appui; et, par conséquent, on peut exprimer la loi générale de l'équilibre du levier en disant que les forces appliquées doivent avoir une résultante unique qui passe par le point fixe : proposition qui paraît assez évidente d'elle-même, et dont on part ordinairement comme d'un axiome pour arriver aux conditions précédentes (**116** à **118**).

177. Jusqu'ici nous avons fait abstraction de la pesanteur du levier. Si l'on veut y avoir égard, il faudra considérer le poids de la verge comme une nouvelle force appliquée en son centre de gravité, suivant une direction verticale; et l'on combinera cette force avec les autres, d'après ce que nous avons dit ci-dessus, comme si le levier était sans pesanteur. Ainsi l'on voit que, dans le cas, par exemple, où toutes les forces et la direction du poids du levier se trouvent dans un même plan avec l'appui, c'est la somme de tous les moments, en y comprenant celui du poids, qui doit être égale à zéro pour l'équilibre.

Donc, si l'on veut employer un levier dont le poids n'entre pour rien dans l'équilibre des forces, on n'aura qu'à le placer de telle sorte, que la verticale abaissée de son centre de gravité tombe au point d'appui ; alors, le moment du poids étant nul de lui-même, on n'aura plus à considérer que les moments des forces appliquées.

178. On a supposé que le point F du levier était arrêté dans tous les sens, de manière que le levier ne pût avoir qu'un mouvement de rotation autour de ce point fixe. Pour se procurer un tel point au dedans d'un corps, on le traverse ordinairement par un essieu ou cylindre inflexible, d'un diamètre quelconque; et lorsque le corps

tourne autour de ce cylindre, il est absolument dans le même cas que s'il tournait autour de son axe considéré comme une droite fixe; et tous les points d'une même section plane qui est faite perpendiculairement à l'axe, et dont il résulte un cercle dans le cylindre, sont dans le même cas que s'ils tournaient autour du centre de ce cercle.

A la vérité, dans la disposition précédente, le levier n'a pas la liberté de pirouetter en tous sens autour du point fixe; mais lorsque les forces qu'on y suppose appliquées sont toutes dans un plan perpendiculaire à l'axe autour duquel il peut tourner, les lois de l'équilibre y sont parfaitement les mêmes. Au reste, on pourrait placer dans la verge une sphère fixe qui la touchât au moins en quatre points, de manière que ces quatre points fussent comme les points de contact d'une pyramide circonscrite à sa surface: le levier alors, en tournant autour de cette sphère, pourrait être considéré comme s'il tournait autour de son centre.

Mais le plus souvent le levier ne fait que poser sur l'appui fixe, comme on le voit *fig.* 46, 47, 48. Alors les conditions données plus haut ne suffisent plus pour l'équilibre, abstraction faite du frottement. Il faut non-seulement que les forces appliquées aient une résultante unique qui passe au point d'appui, mais encore que la direction de cette résultante soit normale à la surface de contact du levier avec l'appui : car si elle tombe obliquement sur le plan tangent à cette surface, on pourra la décomposer en deux autres, l'une perpendiculaire, et l'autre parallèle à ce plan. La première sera détruite; mais la seconde obtiendra son effet, et fera glisser le levier sur l'appui, comme on le verra à l'article du plan incliné.

De la balance.

179. La balance ordinaire est un levier du premier genre, aux extrémités duquel sont suspendus par des cordons deux bassins destinés à recevoir les corps dont on veut comparer les poids. On dispose ordinairement cette machine de manière que son centre de gravité passe par la verticale menée par le point d'appui F (*fig.* 51) et que les bras du levier FA et FB soient parfaitement égaux : alors on est sûr que deux corps graves qui se font équilibre dans les bassins ont des poids parfaitement égaux, et, par conséquent, renferment des quantités égales de matière. Ainsi, en prenant le poids d'un corps pour unité, on évaluera les masses respectives des différents corps en cherchant à combien d'unités de poids ils font équilibre.

Pour qu'une balance soit juste, il faut donc, en premier lieu, que son centre de gravité tombe dans la verticale menée par le point d'appui.

C'est ce que l'on vérifie sur-le-champ, en examinant si la balance est en équilibre d'elle-même, c'est-à-dire lorsque les bassins sont vides; et si cela n'a pas lieu, on rectifie aisément la balance à cet égard, en attachant à l'un des bassins ou des bras de levier un poids convenable qui rétablisse l'équilibre.

Il faut, en second lieu, que le point d'appui divise le levier ou le *fléau* en deux parties párfaitement égales; et cette seconde condition est la plus importante.

Pour voir si elle a lieu, on n'a qu'à mettre deux corps en équilibre sur les bassins, et les changer ensuite de place. Si les bras de levier sont égaux, l'équilibre doit subsister encore; car les poids qui se sont fait équilibre sont égaux aussi, et il doit être indifférent de les changer de bassins.

Mais si les bras de levier sont inégaux, l'équilibre sera détruit; car les poids qui se sont fait équilibre sont en raison inverse de ces bras de levier : or, en les changeant de place, le plus grand poids agira à l'extrémité du bras de levier le plus long, et, par cette double raison, entraînera nécessairement l'autre.

La balance alors sera fausse, et l'on ne pourra la rectifier qu'en changeant le point d'appui ou le point de suspension de l'un des bassins.

On pourra néanmoins s'en servir, et connaître par deux épreuves le poids véritable du corps.

Car soient P le poids inconnu du corps, x et y les deux bras de la balance, et supposons que le poids P, placé dans le bassin qui répond au premier bras de levier x, fasse équilibre à un poids connu A placé dans l'autre bassin; on aura

$$Px = Ay.$$

Mettons actuellement le poids P dans le bassin qui répond au bras de levier y, et supposons qu'il fasse équilibre à un poids connu B placé dans l'autre; on aura

$$Py = Bx.$$

Multipliant ces deux équations membre à membre, il vient

$$P^2 = AB, \quad \text{d'où} \quad P = \sqrt{AB};$$

c'est-à-dire que le poids du corps est moyen proportionnel géométrique entre les deux poids auxquels il fait alternativement équilibre dans les deux bassins de la balance.

De la romaine.

180. La balance romaine est aussi un levier droit du premier genre, mais dont les bras FA, FB (*fig.* 52) sont inégaux.

A l'extrémité A du bras le plus court, on suspend le corps dont on veut trouver le poids Q; on l'attache par un crochet, ou bien on le pose dans un bassin qui est suspendu librement au point A, comme dans la balance ordinaire. Sur l'autre bras FB de la romaine est un poids connu p, mobile au moyen d'un anneau le long de ce bras ; de sorte qu'en le faisant glisser à une distance convenable FI de l'appui F, il fait équilibre au poids du corps qui agit de l'autre côté.

Si donc, à chaque point I du bras FB, on marquait en nombres le rapport des deux forces Q et p qui se font équilibre, on aurait un instrument fort commode pour peser les différents corps à l'aide d'un même poids p qui servirait d'unité. Il suffirait, dans chaque cas, de chercher le point I où il faut amener le poids mobile p pour contre-balancer le poids Q, et l'on trouverait marqué en ce point le rapport de Q à p : ce qui est précisément le poids cherché du corps.

Lorsque la romaine est tellement construite, que le centre de gravité de toute la machine, c'est-à-dire du fléau et du bassin, tombe précisément sur le point d'appui F, la loi de l'équilibre entre les deux forces appliquées est la même que si le levier AC était sans pesanteur. Ainsi le rapport de Q à p est égal à celui des deux bras FI et FA, et, dans ce cas, il est bien facile de construire une *romaine*, c'est-à-dire d'en marquer les différentes divisions.

Mais si le centre de gravité de la machine tombe à droite ou à gauche de l'appui, le rapport de Q à p n'est plus celui des bras de levier IF et AF; il doit être augmenté ou diminué d'une certaine quantité qui dépend du poids V de la machine, et de la distance de ce poids V à l'appui : ainsi les divisions de la romaine doivent être changées. Mais on sent, par ce que je viens de dire, que ces divisions seront encore distribuées de la même manière; seulement le point de départ, c'est-à-dire le point où l'on doit compter zéro pour le poids Q, ne sera plus en F sur l'appui, mais il devra être avancé ou reculé en O (*fig*. 53), d'une certaine quantité FO, qu'il est bien facile de déterminer.

181. Mais sans connaître ni le poids ni le centre de gravité de la romaine, on peut en marquer exactement les divisions de la manière suivante, que la théorie des couples rend la plus naturelle et la plus facile à retenir.

Je suppose d'abord le bassin vide, ou le poids Q nul, et je fais avancer le poids mobile q jusqu'en un point O, qui se peut trouver à gauche ou à droite de l'appui, mais qui est tel, que le fléau AB devienne horizontal. Dans cet état, le centre de gravité de tout le système, en y comprenant le poids mobile p, passe au point F, et le poids de toute la machine est détruit. C'est donc au point O qu'il faudra marquer zéro, puisque alors le poids Q est tout à fait nul.

Actuellement je suppose que dans le bassin vide on mette un poids $p' = p$; il est clair que l'équilibre sera rompu, mais que, si l'on éloigne le poids mobile d'une quantité convenable, l'équilibre sera rétabli. Ainsi, quand d'un côté on ajoute au poids, de l'autre côté il faut chercher ce qu'on doit ajouter au bras de levier pour maintenir l'équilibre. Or, qu'on imagine la force p' transportée parallèlement à elle-même du point A au point d'appui F, elle y sera détruite, et il ne restera qu'un couple $(p', -p')$, appliqué sur $FA = r$, et dont le moment est $p'r$. Ainsi le poids p' qu'on met dans le bassin vide ajoute de ce côté de la romaine un couple ou moment pr : il faut donc ajouter de l'autre côté un couple égal et contraire $(-p, +p)$ qui ait un même bras de levier r. Or, qu'on place ce couple, ce qui est permis, sur la ligne $OH = r$: alors la force $-p$ détruit son égale et contraire p, et il ne reste que $+p$, qui n'est en quelque sorte que le poids mobile p qu'on aurait éloigné de la quantité $OH = r$. On voit donc que, pour chaque poids p qu'on ajouterait dans le bassin, il faudrait éloigner le poids mobile de la longueur constante r du petit bras de la romaine; et si l'on ajoutait une fraction quelconque de p, il est évident, par la même démonstration, qu'il faudrait éloigner le poids mobile d'une même fraction de r.

Donc, à partir du point O déterminé ci-dessus, il faudra porter des parties égales à r et marquer, en ces points de division, 0, 1, 2, 3, 4, 5,.... Et si l'on veut marquer des fractions intermédiaires, des dixièmes, des centièmes, par exemple, on aura un instrument qui pourra servir pour évaluer le poids des corps à ces décimales près du poids connu p.

On voit que la balance romaine peut être utile en beaucoup de rencontres où la balance ordinaire ne serait d'aucun usage, puisque celle-ci exige différents poids pour peser les différents corps, tandis que la romaine n'en exige qu'un seul.

Elle a encore cet avantage, que le point d'appui ou de suspension y est moins fatigué par la charge ou la pression des corps que l'on pèse, car dans la balance ordinaire cette pression est double du poids du corps, ou $2Q$; au lieu que dans la romaine elle est simplement $Q + p$, ou seulement Q, c'est-à-dire la moitié de la précédente, si l'on veut regarder le poids p comme faisant lui-même partie du poids total de la machine.

On peut varier cette balance de différentes manières, en rendant mobile, au lieu du poids p, le poids Q du corps qu'il s'agit de peser, ou bien le point de suspension du fléau AB, ce qui donnerait lieu à différentes constructions; mais le principe en est toujours le même, et il est inutile de s'y arrêter.

Du peson.

182. On peut encore, pour évaluer les poids, employer un levier coudé ACB (*fig.* 54) mobile autour du point fixe C, et dont les bras CA, CB font entre eux un angle droit ACB; et c'est cette espèce de balance qu'on appelle le *peson*.

Je suppose, pour plus de simplicité, que le bras CB, au bout duquel le corps est suspendu, soit continué de l'autre côté de l'appui d'une longueur égale à CB'; de manière que le centre de gravité de cette branche BB' tombe précisément au point C qui en est le milieu. Alors le poids du bras CB se trouve détruit dans toutes les positions du levier coudé autour du point fixe, et l'on peut se disenpser d'y avoir égard. Mais, pour l'autre bras CA, son propre poids contribuera, avec celui qu'on pourrait y attacher d'ailleurs, à contre-balancer le poids du corps. Le plus souvent même ce bras ou cette aiguille est d'une matière assez pesante pour que la force p qui en résulte en son centre de gravité G fasse toute seule l'office du contre-poids. Au reste, je supposerai que p représente le poids total de l'aiguille et des corps qui pourraient y être attachés, et que le commun centre de gravité soit en G, à la distance CG de l'appui.

Cela posé, le peson étant libre, l'aiguille CA tombant dans la verticale CO, et le bras CB étant horizontal, je suspends en B un corps dont le poids est Q; le bras CB s'abaisse vers la verticale, et l'autre CA s'élève : ainsi la distance BH de la force Q à l'appui diminue, et la distance GI de l'autre force p, au même point, augmente; de sorte que le levier coudé, pour se mettre en équilibre, doit prendre une position où les moments $Q \times BH$ et $p \times GI$ soient égaux de part et d'autre.

Or soient φ l'angle ACO que fait l'aiguille avec la verticale, R la distance CG de son centre de gravité à l'appui, et r la longueur du bras CB où le corps est suspendu. Comme on a $GI = \sin\varphi$, et $BH = r\cos\varphi$, l'équation de l'équilibre devient $p \, . \, R\sin\varphi = Q \, . \, r\cos\varphi$; ce qui donne

$$\operatorname{tang}\varphi = \frac{r}{R \cdot p} \cdot Q;$$

d'où il résulte (puisque les trois quantités p, R et r demeurent invariables) que la tangente de l'inclinaison φ de l'aiguille croît précisément en proportion du poids Q du corps.

Si donc on adapte au peson un quart de cercle COAM, qui représente le secteur que l'aiguille peut parcourir depuis la verticale CO jusqu'à l'horizontale CM, il est bien facile de marquer aux différents points de cet arc les nombres qui répondent aux différents poids.

En effet, qu'on mène la tangente indéfinie OT, et qu'on suspende d'abord en B le poids que l'on veut prendre pour l'unité, ce poids fera monter l'aiguille d'un certain arc AO; et la direction de cette aiguille étant prolongée jusqu'à sa rencontre en a, avec la ligne OT, la partie Oa représentera la tangente de cet arc qui répond à l'unité de poids. Ainsi il n'y aura qu'à porter sur la ligne OT, à partir du point O, des parties égales à Oa, et, par les points de division, tirant des lignes au centre C, on aura, sur le quart de cercle, les points correspondants où il faudra marquer les nombres 0, 1, 2, 3, 4,...; et, si l'on veut subdiviser chaque partie de OT en fractions, on aura, par la même construction, les points de l'arc où il faut marquer les mêmes fractions du poids que l'on a pris pour l'unité.

183. Quelque petit que soit le poids p de l'aiguille, on voit par la proportion $Q : p :: R \tang \varphi : r$, que ce poids p suffit toujours pour contre-balancer un poids Q aussi grand qu'on le voudra : car la tangente de φ peut devenir plus grande que toute quantité donnée. Ainsi le peson est d'un usage bien plus étendu que la romaine, et, sous un petit appareil, cette machine peut servir à peser les corps les plus considérables.

Mais si la tangente de l'arc φ augmente par degrés égaux avec le poids Q du corps, l'arc lui-même n'augmente que par degrés inégaux qui diminuent sans cesse, et les divisions supérieures du peson deviennent de moins en moins sensibles pour les mêmes accroissements de poids. Par conséquent, si l'on veut que la machine marque plus nettement ces différences, il ne faut pas que le poids de l'aiguille soit trop petit. Aussi, pour peser de lourds fardeaux, on charge l'aiguille d'un certain poids, ce qui lui permet de rester dans la partie moyenne du quart de cercle, où les inégalités de poids sont marquées d'une manière plus sensible.

De la poulie.

184. L'équilibre de la poulie se rapporte naturellement à celui du levier.

La poulie est une roue circulaire ABK (*fig*. 55), mobile dans une chape CN, autour d'un axe C. Une partie AB de sa circonférence est enveloppée par une corde PABQ dont les deux extrémités sont tirées par deux forces P et Q. Si l'on mène les deux rayons CA et CB aux deux points extrêmes de contact, on peut regarder les deux forces P et Q comme appliquées aux extrémités d'un levier coudé ACB, dont les deux bras sont parfaitement égaux ; et, par conséquent, il faut, pour l'équilibre, que les deux forces P et Q soient parfaitement égales.

Pour la charge du centre C de la poulie, elle est la même (**171**) que si les deux forces P et Q s'y transportaient parallèlement à leurs directions, en P′ et Q′. Ainsi, en achevant sur les deux lignes CP′ et CQ′, qui représentent leurs grandeurs, le losange P′CQ′R, la diagonale CR représentera la charge R du point C.

Mais si l'on joint AB, on formera un triangle isoscèle ACB, semblable au triangle P′CR, et, par conséquent, on aura

$$P' \text{ ou } P : R :: AC : AB;$$

c'est-à-dire que *l'une des deux forces* P *et* Q *appliquées à la corde est à la charge que supporte l'axe de la poulie comme le rayon de la poulie est à la sous-tendante de l'arc embrassé par la corde.*

185. Supposons que l'axe, au lieu d'être fixe, soit retenu par une force égale et contraire à la pression qu'il éprouve, et que l'extrémité du cordon AF (*fig*. 56), au lieu d'être tirée par la force P, soit invariablement attachée à un point fixe F : l'équilibre de la poulie ne sera point troublé, et le cordon demeurera toujours tendu de la même manière.

La puissance Q sera donc à la force qui retient le centre de la poulie dans le même rapport que ci-dessus.

Ainsi, en considérant un poids P attaché à la chape CN par un cordon dirigé vers le centre de la poulie, on aurait : *la puissance Q, qui tend à faire monter le poids, est à ce poids comme le rayon de la poulie est à la sous-tendante de l'arc embrassé par la corde.*

Lorsque l'arc est égal au tiers de la demi-circonférence, la sous-tendante AB est égale au rayon, et la puissance est égale à la résistance.

Lorsque les deux parties de la corde sont parallèles, la sous-tendante AB (*fig.* 57) est double du rayon, et la puissance n'est que la moitié de la résistance. C'est le cas le plus favorable à la puissance, puisque le diamètre est la plus grande corde du cercle.

DU TOUR.

186. Le *tour*, en général, est, comme nous l'avons dit, un corps solide de figure quelconque, qui n'a que la liberté de tourner autour d'un axe fixe.

Mais ce que l'on nomme *tour* ou *treuil* dans les arts est un cylindre aux bases duquel on adapte ordinairement deux autres cylindres de même axe, mais d'un diamètre plus petit, et que l'on nomme *tourillons*. Ces tourillons reposent sur deux appuis fixes F et H (*fig.* 58), et le cylindre, en tournant sur ces tourillons, est absolument dans le même cas que s'il tournait autour de son axe, considéré comme une ligne fixe.

La résistance que l'on se propose de vaincre, ou le poids Q que l'on veut élever, est appliquée à une corde qui s'enroule autour du cylindre, tandis qu'une puissance P le fait tourner, soit en agissant par une corde CP tangentiellement à une roue (CB) perpendiculaire à l'axe de ce cylindre et solidement liée avec lui, soit en agissant à l'extrémité d'une barre qui traverse le cylindre à angle droit, soit au moyen d'une manivelle, etc.

Les dénominations du tour varient suivant l'objet auquel on le destine et suivant sa position. On le nomme ordinairement *tour* ou *treuil* lorsque l'axe du cylindre est horizontal, et *cabestan* lorsque l'axe est vertical et qu'on se sert de barres pour y appliquer la puissance. Mais quels que soient l'objet et la position de cette machine, et de quelque manière qu'on lui communique le mouvement, les conditions de l'équilibre y sont toujours les mêmes. Ainsi nous la considérerons, pour plus de simplicité, sous le premier aspect. Nous supposerons que l'axe AB du cylindre soit horizontal, et, par conséquent, le plan de la roue vertical; que la puissance P agisse suivant une direction tangente en un point donné C à la circonférence de la roue, et que la résistance Q agisse dans un plan parallèle à celui de la roue, suivant une direction verticale tangente à la surface du cylindre, ou plutôt à la circonférence de la section circulaire DIO faite dans ce cylindre au point D de contact.

Il s'agit de déterminer d'abord le rapport de la puissance à la résistance dans le cas de l'équilibre, et en second lieu les pressions qu'éprouvent les appuis F et H qui soutiennent les tourillons.

Soient B le centre de la roue, A celui de la section DIO. Menez les rayons CB et DA qui seront perpendiculaires aux forces respectives P et Q.

Je transporte la force Q parallèlement à elle-même du point D au point A. Il en naît une force Q′ égale, parallèle à Q et de même sens, appliquée en A, et un couple (Q, — Q) qui a pour bras de levier le rayon DA du cylindre. Je transporte de même la puissance P de C en B; il en naît une force P′ égale, parallèle et de même sens, appliquée en B, et un couple (P, — P) qui a pour bras de levier le rayon CB de la roue.

Les deux forces P′ et Q′, étant appliquées aux deux points A et B qui appartiennent à l'axe fixe du cylindre, sont évidemment détruites par sa résistance.

Mais les deux couples (P, — P) et (Q, — Q) doivent se faire équilibre d'eux-mêmes; car, si l'on transporte, pour plus de clarté, le couple (Q, — Q) dans le plan du couple (P, — P), ce qui est permis, on voit que ces deux couples se composent en un seul qui ne peut jamais être en équilibre autour du centre B de la roue. Le couple résultant doit donc être nul de lui-même, et, par conséquent, les deux couples contraires (P, — P) et (Q, — Q) doivent être équivalents. Ainsi leurs moments P×CB et Q×DA doivent être égaux, et l'on a P : Q :: DA : CB.

C'est-à-dire que, *pour l'équilibre du tour, il faut que la puissance soit à la résistance comme le rayon du cylindre est au rayon de la roue.*

Des pressions exercées sur les appuis.

187. Les deux couples (P, — P) et (Q, — Q) étant en équilibre d'eux-mêmes, il n'y a que les deux forces P′ et Q′ qui puissent charger l'axe fixe, et, par conséquent, les appuis : d'où l'on voit d'abord que la *pression exercée par les forces* P *et* Q *appliquées au treuil est absolument la même que si ces forces étaient transportées sur l'axe, pa-*

rallèlement à elles-mêmes, dans leurs plans perpendiculaires à cet axe.

Pour obtenir les pressions individuelles des appuis F et H, on décomposera la force Q′ en deux autres parallèles q et q', appliquées aux points respectifs F et H; et de même la force P′ en deux autres parallèles p et p', appliquées aux mêmes points. La résultante des deux forces p et q exprimera en grandeur et en direction la pression de l'appui F, et la résultante des deux forces p' et q' celle de l'appui H.

Nous avons fait abstraction de la pesanteur du treuil. Ordinairement le corps de cette machine est symétrique par rapport à l'axe fixe, et son centre de gravité tombe sur l'un des points de l'axe lui-même. Alors le poids du treuil ne trouble point la proportion établie ci-dessus entre la puissance et la résistance, mais il change les pressions exercées sur les appuis. Pour connaître les valeurs réelles de ces pressions, on considérera tout le poids du treuil comme une force verticale V appliquée en son centre de gravité G; et si l'on décompose cette force en deux autres parallèles g et g', appliquées aux points F et H, la résultante des trois forces p, q et g exprimera la charge réelle de l'appui F, et la résultante des trois forces p', q' et g' celle de l'appui H; de sorte que l'on saura de quelles résistances les deux points d'appui doivent être au moins capables, pour n'être pas entraînés par les efforts combinés des deux forces P et Q et du poids V de la machine.

188. On a supposé que les cordes DQ, CP étaient infiniment déliées; mais les cordes sont ordinairement d'un diamètre fini, ce qui change sensiblement le rapport que nous avons établi entre la puissance et la résistance. En effet, les forces P et Q, que l'on peut regarder comme agissant suivant les axes des cordons, ont leurs bras de levier respectifs augmentés des demi-diamètres de ces cordons. On n'a donc pas alors : la puissance est à la résistance comme le rayon du cylindre est au rayon de la roue; mais bien : *la puissance* P *est à la résistance* Q *comme le rayon du cylindre augmenté du rayon de la corde* DQ *est au rayon de la roue augmenté du rayon de la corde* CP.

Si les rayons des cordes DQ et CP sont proportionnels aux rayons du cylindre et de la roue, cette proportion revient à la première, comme si les cordes étaient des fils infiniment petits, appliqués tangentiellement à la roue et au cylindre.

189. Si l'on veut considérer actuellement un tour sollicité par tant de forces que l'on voudra, situées dans des plans perpendiculaires à l'axe, on verra, comme ci-dessus, qu'en transformant chaque force en une autre égale, parallèle et de même sens, appliquée sur l'axe, et en un couple qui aura pour bras de levier la distance de la force à l'axe, toutes les forces transportées sur l'axe seront toujours détruites par sa résistance, mais que tous les couples devront se réduire à un couple nul de lui-même pour l'équilibre. Or, tous ces couples étant dans des plans parallèles, le couple résultant sera égal à leur somme, et, par conséquent, il faudra, pour l'équilibre, que la somme des moments des forces par rapport à l'axe soit égale à zéro, en prenant avec des signes contraires les moments des forces qui tendent à faire tourner en sens contraires.

Pour les pressions exercées sur l'axe fixe, elles seront évidemment les mêmes que si toutes les forces appliquées s'y étaient transportées parallèlement à elles-mêmes, sans sortir de leurs plans perpendiculaires à cette ligne.

Lorsque les forces appliquées au treuil sont dirigées dans des plans quelconques, on peut décomposer chacune d'elles en deux autres, l'une parallèle, l'autre perpendiculaire à la direction de l'axe fixe. Mais, les forces parallèles étant transportées dans l'axe, leur résultante est détruite par la résistance longitudinale de cet axe, et leur couple résultant, qui passe par le même axe, est détruit par sa résistance transversale. Il ne reste donc à considérer, pour l'équilibre du treuil, que le groupe des forces qui sont situées dans des plans perpendiculaires à l'axe fixe, ce qui revient au cas précédent.

Ainsi, en nommant $P, P', P'',\ldots$ les forces appliquées; $\omega, \omega', \omega'',\ldots$ leurs inclinaisons sur l'axe, et $p, p', p'',\ldots$ leurs plus courtes distances à cette droite, on aura pour l'équilibre l'équation

$$Pp\sin\omega + P'p'\sin\omega' + P''p''\sin\omega'' + \ldots = 0,$$

ce qui est la condition exprimée au n° **120**.

Quant à l'axe du treuil, il sera pressé : 1° par les composantes $P\sin\omega$, $P'\sin\omega'$, $P''\sin\omega''$, ..., transportées sur cet axe; 2° par la résultante des forces parallèles $P\cos\omega$, $P'\cos\omega'$, $P''\cos\omega''$, ..., qui tend à entraîner le treuil dans le sens de sa longueur; et 3° enfin par le couple résultant de ces dernières composantes, ce qui revient à deux forces égales perpendiculaires à l'axe, et qui le poussent en sens contraires.

DU PLAN INCLINÉ.

190. Lorsqu'un point est pressé contre un plan inébranlable et inflexible, par une force normale à ce plan, il est clair que ce point doit rester en équilibre; car il n'y a pas de raison pour qu'il se meuve dans le plan, d'un côté plutôt que de l'autre, puisque toutes les directions qu'il pourrait prendre font un même angle droit avec la direction de la force; et d'ailleurs il ne peut se mouvoir à travers le plan qui est supposé parfaitement inflexible.

Réciproquement, le point dont il s'agit ne pourra être en équilibre, à moins que la force qui le presse ne soit normale au plan d'appui; car, si elle y était inclinée, cette force pourrait se décomposer en deux autres, l'une perpendiculaire au plan et l'autre située dans ce plan. La première serait détruite; mais la seconde obtiendrait son effet, car il est visible qu'elle ne pourrait être altérée par la présence du plan le long duquel elle tend à s'exercer. Ainsi il n'y aurait pas équilibre.

On peut dire la même chose d'un point qui s'appuie sur une surface courbe, et le considérer comme s'il reposait sur le plan tangent mené à la surface par ce point même. Il faut donc, pour l'équilibre, que la direction de la force qui le presse soit normale à ce plan, au point de contact; et voilà pourquoi, dans l'équilibre du levier qui ne fait que poser sur l'appui, il faut non-seulement que la résultante des forces y passe, mais encore qu'elle soit perpendiculaire à l'élément de contact du levier et de cet appui.

191. On voit donc, d'après ce que l'on vient de dire, que lorsqu'un corps est tenu en équilibre contre un plan inébranlable, ce plan ne peut détruire que des forces dont les directions lui sont normales aux différents points de contact, et que, par conséquent, sa résistance ne peut faire naître que de telles forces en sens contraires.

Donc, si un corps de figure quelconque, sollicité par

des forces quelconques P, Q, R,... (*fig.* 59), ne s'appuie contre un plan que par un seul point O, il ne pourra demeurer en équilibre, à moins que toutes les forces P, Q, R,..., qui lui sont appliquées, ne soient en équilibre avec une force unique N, qui serait normale à ce plan au point O, et qui représenterait sa résistance actuelle. Donc, *pour l'équilibre d'un corps qui s'appuie par un seul point contre un plan, il faut:* 1° *que toutes les forces appliquées aient une résultante unique;* 2° *que la direction de cette résultante soit normale au plan;* 3° *qu'elle passe au point de contact.*

On voit que ces trois conditions reviennent à celles qu'on a données plus haut pour l'équilibre du levier qui ne fait que poser sur l'appui. Nous aurions pu les trouver par le même raisonnement et les exprimer de la même manière, en disant que toutes les forces appliquées, étant transportées parallèlement à elles-mêmes au point de contact, doivent y donner une résultante normale au plan, et que tous les couples engendrés doivent donner un couple résultant nul de lui-même.

192. Lorsque le corps touche le plan par plusieurs points A, B, C, D,... (*fig.* 60), chacun des points de contact fait naître une résistance normale au plan en ce point; mais toutes ces résistances, étant parallèles et de même sens, se composent toujours en une seule, dont la direction tombe nécessairement dans l'intérieur du polygone formé par tous les appuis A, B, C, D,.... Les forces appliquées doivent donc être en équilibre avec cette force unique, et, par conséquent, *lorsqu'un corps s'appuie contre un plan par plusieurs points, il faut, pour l'équilibre, que les forces appliquées puissent se réduire à une seule, normale au plan, et dont la direction tombe dans*

l'intérieur du polygone formé par tous les points de contact.

On voit par là que, si le corps repose par une surface finie, la résultante doit rencontrer le plan en l'un quelconque des points de cette surface.

De la pression exercée sur le plan.

193. Lorsque le corps ne repose que par un seul point, il est clair, d'après ce que nous venons de dire, que la pression exercée par les forces est égale à leur résultante.

Si le corps repose par deux points A et B (*fig.* 61), la résultante N dont la direction tombe nécessairement entre A et B, sur la droite qui joint ces deux points d'appui, se décompose en deux forces parallèles p et q, qui expriment leurs pressions respectives.

Soit O le point où la résultante N va rencontrer la ligne AB; on aura, pour la pression p du point A, $N : p :: AB : BO$; et pour la pression q du point B, $N : q :: AB : AO$; d'où l'on voit que, la résultante ou la pression totale N étant représentée par la distance AB des deux appuis, les deux pressions individuelles de ces points sont représentées réciproquement par leurs distances à la pression totale.

Si le corps repose par trois points A, B, C (*fig.* 62), la résultante N des forces appliquées doit passer en quelque point O dans l'intérieur du triangle ABC (192). Si de l'un des angles, de l'angle A par exemple, on mène la ligne AO, et qu'on la prolonge jusqu'à sa rencontre en I avec le côté opposé BC, la force N se décomposera en deux autres parallèles p et n appliquées aux points A et I. Ensuite la force n se décomposera en deux autres parallèles q et r appliquées en B et C, de sorte que les trois forces p, q, r exprimeront les pressions respectives des trois appuis A, B, C.

Formons autour du point O comme sommet, et sur les trois côtés respectifs BC, AC, AB comme bases, les trois triangles BOC, AOC, AOB. Si l'on représente la pression totale exercée en O par l'aire du triangle ABC, les pressions exercées aux trois angles A, B, C seront représentées par les aires respectives des triangles BOC, AOC, AOB formés sur les côtés opposés.

Car la force N, appliquée en O, est à la force p, appliquée en A, comme AI est à OI ; mais les triangles BAC, BOC, ayant même base BC, sont entre eux comme leurs hauteurs, ou comme les lignes AI et OI également inclinées sur la base : on a donc N : p :: ABC : BOC. Mais un même raisonnement prouverait qu'on a

$$N : q :: ABC : AOC, \quad \text{et} \quad N : r :: ABC : AOB.$$

Donc, etc.

194. Lorsque le corps s'appuie sur le plan par plus de trois points (ou seulement par trois, s'ils tombent en ligne droite), les pressions individuelles des appuis sont indéterminées, parce qu'il y a une infinité de manières de décomposer la force N en d'autres forces parallèles appliquées en ces points.

Il suffit que ces pressions individuelles satisfassent à ces conditions : 1° qu'elles soient toutes de même sens que la pression totale; 2° qu'elles puissent se composer en une seule, égale à cette pression totale et appliquée au même point O. Cette dernière condition exige trois équations, dont la première exprime que la somme des pressions est égale à la pression totale; et les deux autres, que la somme des moments des pressions individuelles, par rapport à deux axes quelconques tirés dans le plan des appuis, est égale au moment de la pression totale, par rapport aux mêmes axes (**84** à **127**).

195. Si l'on veut considérer actuellement l'équilibre d'un corps qui s'appuie à la fois contre plusieurs plans, on observera que chacun de ces plans fait naître, aux divers points de contact, des résistances de même sens, perpendiculaires à ce plan, et qui, par conséquent, se composent toujours en une seule, perpendiculaire au même plan. Il faut donc que toutes les forces appliquées soient en équilibre avec ces diverses résistances, qui seront en même nombre que les plans d'appui ; et, par conséquent, les forces qui tiennent en équilibre un corps appuyé sur plusieurs plans doivent toujours se réduire à autant de forces dirigées perpendiculairement vers ces plans respectifs, et qui tombent, pour chacun d'eux, dans l'intérieur du polygone formé par les points de contact.

196. On voit, par là, que si le corps ne s'appuie que sur deux plans, en deux points par exemple, et n'est sollicité que par une seule force, ou par des forces qui aient une résultante unique, cette force ou cette résultante unique doit pouvoir se décomposer en deux autres dirigées suivant les normales menées aux deux plans par les points de contact. Ainsi il faut que les deux normales aillent concourir en un même point situé sur la direction de la force qui presse le corps, et se trouvent dans un même plan avec elle. D'ailleurs cette force doit être dirigée dans l'angle des deux normales, qui est opposé à celui des deux plans, et son action doit avoir lieu vers cet angle, afin que ses deux composantes suivant les deux normales tendent à pousser le corps contre les plans, c'est-à-dire en sens contraires des résistances qu'ils font naître.

197. Si le corps s'appuie par trois points sur trois plans différents, la force qui le presse doit être réductible à trois autres, dirigées suivant les trois normales menées aux plans par les points de contact.

Mais il ne faut pas conclure de là que les trois normales doivent concourir en un même point sur la direction de la force, ni même qu'il doive y avoir une seule rencontre entre deux de ces quatre lignes; car trois forces qui ne se rencontrent pas peuvent se composer en une seule, et une seule force peut se décomposer suivant trois directions qui ne rencontrent pas la sienne, et qui ne se rencontrent pas entre elles (**75**).

Application de la théorie à quelques exemples.

198. Ce que nous venons de dire contient toute la théorie de l'équilibre des corps qui s'appuient sur des plans. Nous allons en faire quelques applications très-simples.

Soit un corps de figure quelconque, appuyé par un nombre quelconque de points, ou par une base finie, contre un plan inébranlable LDK (*fig.* 63), et sollicité par deux forces P et Q qui le tiennent en équilibre sur ce plan.

D'après ce qu'on a trouvé (**192**), les deux forces P et Q doivent donner une résultante unique N normale au plan; par conséquent, leurs directions doivent concourir en quelque point, comme en F, et se trouver dans un plan perpendiculaire au plan LDK. De plus, la direction de cette résultante doit aller rencontrer le plan LDK en l'un des points de contact du corps, ou dans l'intérieur du polygone formé par les points de contact.

Supposons que toutes ces conditions soient remplies, et voyons simplement quels sont les rapports des forces P, Q, et de la pression N exercée sur le plan.

Puisque les forces P et Q ont une résultante normale au plan, il faut que ces deux forces soient réciproquement proportionnelles aux sinus des angles PFN, QFN, que leurs directions forment avec la normale abaissée du point F sur ce plan : car on a vu (36) que deux composantes sont toujours en raison réciproque des sinus des angles que leurs directions forment avec celle de leur résultante. On a donc

$$Q : P :: \sin PFN : \sin QFN.$$

On a d'ailleurs, pour la résultante N,

$$P : Q :: \sin QFN : \sin PFQ.$$

De sorte que chacune des forces P, Q, N peut être représentée par le sinus de l'angle formé par les directions des deux autres.

Ainsi toutes les questions que l'on pourrait proposer sur les rapports des trois forces P, Q, N, et sur leurs directions, se réduisent à la résolution d'un triangle dont les trois côtés représenteraient les grandeurs des forces P, Q, N, et les trois angles leurs inclinaisons mutuelles.

199. Supposons que la force P représente le poids du corps lui-même; sa direction FP sera verticale et passera au centre de gravité de ce corps.

Menons le plan horizontal LDH qui coupe le premier suivant LD, et nommons le plan LDK, sur lequel le corps s'appuie, le *plan incliné*. Le plan des deux forces P et Q, qui sera, d'une part, perpendiculaire au plan incliné, comme passant par la normale FN, et, de l'autre, perpendiculaire au plan horizontal, comme passant par la verticale FP, coupera ces deux plans suivant deux droites AB, AC, perpendiculaires à leur commune intersection LD, et qui comprendront entre elles l'angle formé par le plan incliné avec l'horizon.

Représentons simplement le plan horizontal par l'horizontale AC (*fig.* 64), et le plan incliné par la ligne AB oblique à la première. D'un point quelconque B, pris sur AB, abaissons une perpendiculaire BC sur AC, et dans le triangle rectangle ABC nommons, suivant l'usage, l'hypoténuse AB la *longueur* du plan incliné; le côté BC sa *hauteur*, et le côté AC sa *base*.

La ligne FP étant perpendiculaire à AC, l'angle PFN sera égal à l'angle BAC, et la proportion

$$Q : P :: \sin PFN : \sin QFN$$

deviendra

$$Q : P :: \sin BAC : \sin QFN.$$

Si la puissance Q est donnée en grandeur seulement, on trouvera par cette proportion, où il n'y aura que sin QFN d'inconnu, sous quel angle QFN cette puissance Q doit agir pour faire équilibre au poids P. Or, comme à un même sinus répondent deux angles suppléments l'un de l'autre, on voit que la même puissance Q pourra être employée de deux manières différentes pour faire équilibre à la résistance : soit en faisant avec la normale FN au plan incliné un angle QFN trouvé par la proportion ci-dessus; soit en faisant avec la même ligne l'angle Q'FN, supplément du premier.

On trouvera, par la même proportion, la grandeur de la puissance Q, lorsque l'on connaîtra sa direction, ou l'angle QFN qu'elle forme avec la normale.

200. Le cas où la puissance Q est la plus petite, à l'égard de la résistance P, est celui où l'angle QFN a le plus grand sinus, puisque la puissance est toujours en raison inverse de ce sinus. Mais le plus grand sinus répond à l'angle droit; donc la puissance est perpendiculaire sur la normale FN, ou parallèle au plan incliné.

Dans ce cas, l'angle QFN est égal à l'angle droit ACB (*fig.* 65), et la proportion précédente devient

$$Q : P :: \sin BAC : \sin ACB.$$

Mais, dans le triangle ABC, les sinus des angles A et C sont proportionnels aux côtés opposés BC, AB; et, par conséquent, on a

$$Q : P :: BC : AB,$$

c'est-à-dire que, *lorsque la puissance est parallèle au plan incliné, elle est au poids du corps qu'elle y retient en équilibre comme la hauteur du plan est à sa longueur.*

201. Un corps pesant, abandonné à lui-même sur un plan incliné, ne tend donc à glisser le long de ce plan qu'en vertu de la pesanteur diminuée dans le rapport de la hauteur du plan à sa longueur, et c'est cette pesanteur le long du plan que l'on nomme la *pesanteur relative,* par rapport à la pesanteur le long de la verticale, que l'on nomme *pesanteur absolue.* On voit que, la pesanteur absolue étant représentée par la longueur du plan incliné, la pesanteur relative est représentée par sa hauteur; ou bien, la pesanteur absolue étant représentée par le sinus de l'angle droit ou par l'unité, la pesanteur relative est représentée par le sinus de l'inclinaison du plan. Lorsque cette inclinaison est nulle, ou lorsque le plan est horizontal, la pesanteur relative est nulle, et le corps reste en repos sur le plan, comme cela doit être; lorsque l'inclinaison du plan est égale au tiers d'un angle droit, la pesanteur relative est la moitié de la pesanteur absolue; elle se confond enfin avec la pesanteur absolue, lorsque l'inclinaison du plan est égale à l'angle droit, et que, par conséquent, le plan incliné est devenu vertical.

En général, pour comparer les pesanteurs relatives sur des plans différemment inclinés, on n'aura qu'à comparer les sinus de leurs inclinaisons.

Donnons la même hauteur BC à deux plans différemment inclinés, et adossons-les comme on le voit dans la *fig.* 66 : les pesanteurs le long de ces plans seront réciproques à leurs longueurs AB, BD; car elles sont directement proportionnelles aux sinus des angles A et D qui mesurent les inclinaisons des plans, et, dans le triangle ABD, ces sinus sont proportionnels aux côtés opposés BD et AB.

Donc, si l'on a deux corps pesants M et N appuyés sur ces plans adossés, et qu'on les lie entre eux par un fil qui passe sur une poulie de renvoi placée en R, de manière que les deux parties rectilignes du fil soient parallèles à ces plans respectifs, ces deux corps ne pourront se faire équilibre, à moins que leurs masses ne soient proportionnelles aux longueurs AB et BD des deux plans sur lesquels ils reposent.

202. Lorsque la puissance Q (*fig.* 67) est horizontale

et, par conséquent, parallèle à la base AC du plan incliné, l'angle QFN devient égal à l'angle ABC, et l'on a

$$Q : P :: \sin BAC : \sin ABC,$$

ou bien

$$Q : P :: BC : AC,$$

c'est-à-dire que, *si la puissance est horizontale, elle est au poids du corps qu'elle tient en équilibre sur le plan incliné comme la hauteur du plan est à sa base.*

203. Le cas où la puissance est la plus grande à l'égard du poids est le cas où l'angle QFN devient nul. La puissance Q est alors perpendiculaire au plan incliné, et la proportion $Q : P :: \sin BAC : \sin QFN$ donne, pour sa valeur,

$$Q = \frac{P \times \sin BAC}{0} = \infty.$$

Il n'y a donc pas, à proprement parler, de *maximum* pour la puissance; mais ce résultat nous apprend qu'aucune force, quelque grande qu'elle soit, ne peut empêcher un corps pesant de glisser le long d'un plan incliné, en le pressant perpendiculairement contre ce plan. Si nous voyons tous les jours arriver le contraire, c'est que les surfaces des corps, même les mieux polis, sont hérissées d'une infinité d'aspérités, qui s'engagent entre elles dans le contact de ces surfaces, et les empêchent de glisser librement les unes sur les autres. Or nous avons fait abstraction de cette propriété des corps et de la résistance particulière qui en résulte, et que l'on nomme *la force du frottement.*

204. Lorsqu'un corps pesant s'appuie à la fois sur plusieurs plans inclinés, en considérant son poids comme une force verticale qui passe par son centre de gravité,

on trouvera les conditions de l'équilibre d'après ce qui a été dit (195), et les pressions respectives que souffrent les points de contact, lorsque ces pressions seront déterminées.

Si nous considérons simplement le cas où le corps est soutenu aux deux points I et O (*fig.* 68) par deux plans inclinés HI, HO, il faudra (196) que les deux normales IA, OA à ces plans aillent concourir en un même point A de la verticale GP qui passe au centre de gravité G du corps, et qui représente la direction de son poids. De plus, comme le poids P de ce corps doit pouvoir se décomposer suivant ces normales, il faudra qu'elles soient toutes deux dans un même plan avec la direction GP, et, par conséquent, dans un plan vertical.

Ces conditions suffisent pour l'équilibre, et si l'on prend, sur la direction du poids, une partie quelconque AD qui représente sa quantité, et qu'on achève sur AD comme diagonale, et suivant les directions AI et AO, le parallélogramme ABCD, la force P se décomposera en deux autres, représentées par les côtés AB et AC de ce parallélogramme. Ces deux forces seront respectivement détruites par les deux plans inclinés, et donneront en même temps les valeurs de leurs pressions individuelles.

Observons que le plan des deux normales IA, OA, étant à la fois perpendiculaire aux deux plans inclinés, est perpendiculaire à leur commune intersection; mais ce plan est en même temps vertical, puisqu'il passe par la verticale GP : donc la commune intersection des deux plans inclinés doit être perpendiculaire à un plan vertical : donc elle est horizontale. Ainsi, un corps pesant ne peut rester en équilibre entre deux plans inclinés, à moins que leur intersection ne soit horizontale, ce qui paraissait d'ailleurs assez évident.

De la vis.

205. La *vis* est une machine qui se rapporte à la fois au levier et au plan incliné. On y considère en général l'équilibre d'un corps qui se trouve en même temps assujetti à tourner autour d'un axe fixe, et à descendre uniformément le long de cet axe, en s'appuyant sur une surface inclinée.

Mais pour exprimer clairement la construction de cette machine, considérons d'abord un cylindre droit ABCD (*fig.* 69) que l'on développe sur un plan. Le développement est un rectangle BEMC dont la base BE est égale en longueur à la circonférence du cylindre et peut s'exprimer par $2\varpi r$, en nommant r le rayon du cylindre et ϖ le rapport de la circonférence au diamètre.

Divisons le côté BC en parties égales BR, RQ, QP,...; et, après avoir pris sur EM la partie EG = BR, menons BG, et les parallèles RH, QK,....

Si l'on replie le rectangle BEMC sur le cylindre, la suite des droites BG, RH,... tracera sur sa surface une courbe continue que l'on nomme *hélice,* la première droite BG formant une portion de l'hélice qui commencera en B et aboutira en R, où elle sera continuée par la seconde droite RH, et ainsi de suite. Chacune de ces portions de l'hélice, dont les deux extrémités viennent aboutir sur la même génératrice, et qui fait ainsi le tour entier du cylindre, se nomme *spire;* et l'intervalle compris entre deux spires consécutives, mesuré le long de la génératrice, et qui est partout le même, se nomme le *pas* de l'hélice.

Puisque, dans le développement du cylindre, l'hélice est une suite de lignes droites parallèles, il est clair que la propriété caractéristique de l'hélice est d'être partout également inclinée aux diverses génératrices qu'elle va rencontrer sur la surface cylindrique. Lorsque le cylindre est vertical, elle est donc partout également inclinée à l'horizon, et un point a, qui repose sur cette hélice, et qui peut être regardé comme situé sur la tangente en ce point, est dans le même cas que s'il reposait en a' sur un plan incliné QHK, dont la base est $QH = 2\varpi r$, et dont la hauteur HK est égale au pas de l'hélice, et sera désignée simplement par h.

206. Si l'on suppose donc que le point a soit pressé sur l'hélice par une force verticale p, et soit retenu en même temps par une force horizontale f, qui, appliquée tangentiellement au cylindre, empêche ce point de glisser sur l'hélice, on aura (202)

$$f : p :: \mathrm{HK} : \mathrm{QH},$$

ou

$$f : p :: h : 2\varpi r.$$

Menons par le point a l'horizontale ao, qui rencontre en o l'axe FI du cylindre, que je suppose fixe. Prolongeons indéfiniment cette droite, et considérons-la comme un levier inflexible, mobile autour du point fixe o.

Au lieu d'appliquer immédiatement au point a une force horizontale f, pour retenir ce point sur l'hélice, on pourrait appliquer une autre force parallèle q en un point quelconque du levier bo; et cette force q ferait sentir au point a la même impression que la force f, si elle était à celle-ci dans la raison réciproque des deux bras de levier bo et ao c'est-à-dire (en faisant $bo = \mathrm{R}$, et observant que ao est le rayon r du cylindre) si l'on avait

$$q : f :: r : \mathrm{R};$$

mais on a trouvé ci-dessus

$$f : p :: h : 2\varpi r.$$

Donc, en multipliant par ordre, on aura

$$q : p :: h : 2\varpi R;$$

c'est-à-dire que la puissance horizontale q sera à la force verticale p qui presse le point a sur l'hélice comme le pas de l'hélice est à la circonférence que tend à décrire la puissance q autour de l'axe du cylindre.

Observons que le rayon r du cylindre, ou la distance de l'hélice à l'axe, n'entre plus dans cette proportion. Ainsi l'on aura toujours le même rapport entre la puissance q et la force p, quel que soit le cylindre sur lequel l'hélice est tracée, pourvu que le pas de cette hélice soit le même.

On ne doit pas perdre de vue d'ailleurs que l'on n'a supposé le cylindre vertical que pour mieux fixer les idées et simplifier le discours; mais que tout ce qu'on a dit de la force verticale p et de la puissance horizontale q doit s'entendre, en général, d'une force parallèle à l'axe du cylindre, et d'une puissance qui agirait dans un plan perpendiculaire au même axe, à la distance R de cette ligne.

207. Actuellement il n'est pas difficile de définir la vis ni de trouver les conditions de son équilibre.

La vis est un cylindre droit revêtu d'un filet saillant engendré par le plan d'un triangle, ou d'un parallélogramme, ou d'une figure quelconque qui, s'appuyant par sa base sur une génératrice, tourne autour de l'axe du cylindre, en descendant le long d'une hélice tracée sur sa surface. Tous les points qui composent le filet de la vis peuvent être regardés comme appartenant à des hélices décrites sur des cylindres de même axe, mais de rayons différents. Or toutes ces hélices ont évidemment le même pas, et c'est ce que l'on nomme le *pas* de la vis.

La génération de l'*écrou* est la même. Concevons une pièce M, de figure quelconque, pénétrée par le cylindre : le triangle ou le parallélogramme qui produit sur le cylindre le filet de la vis produira dans l'intérieur de cette pièce un sillon ou creux parfaitement égal au filet, et que celui-ci remplira exactement; et cette seconde pièce, qui peut être regardée comme le moule de la première, forme l'*écrou* de la vis.

Maintenant, si l'une de ces deux pièces est fixe, il est clair que l'autre lui est tellement assujettie, qu'elle n'a plus que la liberté de tourner autour de l'axe du cylindre et de descendre en même temps sur la seconde, comme sur une surface inclinée. Il y a donc, entre les forces qui se feraient équilibre sur la pièce mobile, des relations particulières qui dépendent de son assujettissement à la seconde; et ce sont ces relations qui constituent les conditions de l'équilibre dans la vis.

On ne considère ordinairement que deux forces appliquées à la pièce mobile : l'une P parallèle à l'axe, et qui tend à la faire descendre en tournant autour de cet axe; l'autre Q située dans un plan perpendiculaire à l'axe, et qui, au moyen d'un levier, tend à la faire remonter en sens contraire. Pour fixer les idées, nous supposerons ici que l'écrou soit mobile (*fig.* 70) et que la vis soit fixe : le rapport des deux forces P et Q serait absolument le même dans le cas où, l'écrou étant fixe, la vis serait mobile.

D'abord, si l'écrou ne posait que par un seul point sur le filet de la vis, en nommant h le pas de la vis et R le bras de levier de la puissance ou la distance à l'axe, on aurait, d'après ce qu'on a vu,

$$Q : H :: h : 2\varpi R.$$

Mais, en quelque nombre de points que l'écrou s'appuie sur le filet, on peut imaginer que la résistance P est décomposée en autant de forces parallèles p, p', p'',..., qui pressent en ces différents points, et que la puissance Q est partagée en autant de forces q, q', q'',..., dont chacune fait équilibre en particulier à la force qui lui répond parmi les forces p, p', p'',..., et comme on a constamment

$$\begin{aligned} q : p &:: h : 2\varpi R, \\ q' : p' &:: h : 2\varpi R, \\ q'' : p'' &:: h : 2\varpi R, \\ &\ldots\ldots\ldots\ldots, \end{aligned}$$

on aura

$$q + q' + q'' \ldots \quad \text{ou} \quad Q : p + p' + p'' \ldots \quad \text{ou} \quad P :: h : 2\varpi R;$$

c'est-à-dire que, *dans l'équilibre de la vis, la puissance qui tend à faire tourner l'écrou est à la résistance qui le presse dans le sens de l'axe comme le pas de la vis est à la circonférence que tend à décrire la puissance.*

Ainsi la puissance a d'autant plus d'avantage pour contre-balancer la résistance, ou pour comprimer dans le sens de l'axe de la vis, que cette puissance agit à une plus grande distance de l'axe, et que le pas de la vis est moindre.

Du coin.

208. Le *coin* est un prisme triangulaire AF (*fig.* 72), que l'on introduit par l'une de ses arêtes EF entre deux

obstacles, pour exercer latéralement deux efforts qui tendent à les écarter.

L'arête EF, par laquelle le coin tend à s'enfoncer, se nomme le *tranchant* du coin; les deux faces adjacentes ADFE, BCFE se nomment les *côtés*, et la face opposée ABCD la *tête*.

C'est sur cette face qu'on applique le coup, au moyen d'un marteau ou d'un corps quelconque. Quelle que soit la direction du choc, on peut toujours concevoir son action comme décomposée en deux autres, l'une perpendiculaire à la tête du coin, et qui obtient tout son effet sur lui; l'autre parallèle, et qui ne lui imprime aucun mouvement, parce qu'elle ne peut tendre qu'à faire glisser le marteau sur ce coin.

Nous supposerons donc sur-le-champ que la puissance soit appliquée perpendiculairement à la tête du coin, et nous chercherons simplement les efforts qui en résultent contre les deux obstacles perpendiculairement aux deux côtés.

Par la direction de la puissance P, et perpendiculairement aux arêtes du coin, faisons passer une section MNO (*fig.* 73); la ligne MN pourra représenter la tête du coin, et les deux lignes MO et NO les deux côtés. D'un point A pris sur la direction de la puissance, abaissons deux perpendiculaires AB, AC sur les côtés MO, NO; prenons la partie AD qui représente la quantité et la direction de la puissance P, et achevons le parallélogramme ABCD.

La puissance P, représentée par AD, se décomposera en deux autres Q et R, représentées par AB et AC, et qui exprimeront les efforts exercés perpendiculairement aux côtés MO, NO.

On aura donc P : Q : R comme AD : AB : AC; ou, en

mettant BD au lieu de AC, comme AD : AB : BD, c'est-à-dire comme les trois côtés du triangle ABD.

Mais ce triangle est semblable au triangle MNO, parce que les côtés AD, AB, BD sont respectivement perpendiculaires aux trois côtés MN, MO, NO.

On aura donc

$$P : Q : R :: MN : MO : NO,$$

c'est-à-dire que, *la puissance étant représentée par la tête du coin, les deux forces qui en résultent perpendiculairement aux côtés seront représentées par ces côtés eux-mêmes.*

Si le triangle MNO est isoscèle, les deux forces Q et R sont égales, et la puissance P est à l'une d'elles comme la tête du coin est à l'un des côtés, que l'on peut dans ce cas nommer la *longueur* du coin.

On voit par ce que nous venons de dire que, à puissances égales, l'effort exercé par le coin est d'autant plus grand que la tête en est plus petite par rapport à la longueur.

De quelques machines composées.

209. Jusqu'à présent nous n'avons considéré qu'un seul corps solide, gêné dans ses mouvements par différents obstacles, et c'est ce qui forme les diverses machines simples. Nous allons considérer actuellement un assemblage de machines simples qui réagissent les unes sur les autres en vertu de leur liaison mutuelle, et c'est ce que l'on nomme une *machine composée.*

Si l'on ne suppose que deux forces appliquées à la machine composée, on voit que la machine simple, qui reçoit immédiatement l'action de l'une d'elles, transmet cette action, d'après les lois de son équilibre, à la machine simple avec laquelle elle est liée; que celle-ci la transmet de même à la machine suivante; et ainsi de suite, jusqu'à la dernière qui communique l'action à la seconde force, ou à la résistance qu'il faut vaincre. Ainsi il est toujours facile de déterminer le rapport de la puissance à la résistance par une suite de proportions données par les lois de l'équilibre des machines intermédiaires, et c'est ce qu'on va vérifier tout à l'heure sur quelques exemples très-simples.

Mais nous devons faire observer que les questions suivantes se rapportent naturellement au problème le plus général de la Statique, c'est-à-dire font partie de cette théorie étendue où l'on recherche les lois de l'équilibre dans les systèmes dont la figure est variable suivant des conditions quelconques données. Les deux axiomes qui servent de base à cette théorie sont :

1° *Que, si un système quelconque de points est en équilibre, chaque point doit être en équilibre de lui-même, tant en vertu des forces qui lui sont immédiatement appliquées, qu'en vertu des résistances ou réactions qu'il éprouve de la part des autres points du système;*

2° *Que deux points ne peuvent agir l'un sur l'autre que dans la direction de la droite qui les joint, et que l'action est toujours égale et contraire à la réaction.*

Au moyen de ces deux axiomes et des conditions connues de l'équilibre d'un corps libre, on peut trouver les conditions de l'équilibre d'un système quelconque de corps, pourvu qu'on sache évaluer les résistances qui naissent de leur liaison mutuelle : car, ces résistances étant une fois évaluées, il ne s'agit plus que de les combiner avec les forces données immédiatement par la question, et d'exprimer les conditions de l'équilibre de chaque corps comme s'il était parfaitement libre dans l'espace.

Quoique nous ne puissions, sans passer les bornes de cet Ouvrage, traiter ici ce sujet avec toute la généralité dont il est susceptible, nous donnerons néanmoins les conditions de l'équilibre de quelques systèmes variables qu'on emploie souvent dans les arts, et que l'on a coutume de considérer dans les *Éléments de Statique*, parce que les réactions des différents corps les uns sur les autres y sont très-faciles à évaluer, et ne supposent guère que la composition des forces et les deux axiomes précédents.

Des cordes.

210. Considérons premièrement un *polygone funiculaire*, c'est-à-dire un assemblage de points liés entre eux par des cordons parfaitement flexibles et inextensibles.

On sait d'abord que si trois forces P, Q, R (*fig.* 74), dirigées suivant les axes de trois cordons AP, AQ, AR, sont en équilibre autour d'un même point A, chacune de ces forces doit être égale et directement opposée à la résultante des deux autres.

Il faut donc : 1° que les axes des trois cordons soient dans un même plan ; 2° que les rapports des forces soient tels, que chacune d'elles puisse être représentée par le sinus de l'angle formé par les directions des deux autres. Ainsi l'on a pour l'équilibre cette suite de rapports

$$P : Q : R :: \sin QAR : \sin PAR : \sin PAQ.$$

211. Si l'on suppose que les extrémités des cordons AQ, AR soient fixes, les valeurs de Q et R, données par les rapports ci-dessus, exprimeront les efforts que supportent ces points fixes en vertu de la force P, ou les tensions des deux cordons AQ, AR.

On voit que ces tensions seront d'autant plus grandes que l'angle QAR sera plus obtus, et qu'elles deviendront infinies si cet angle devient égal à deux angles droits.

Une corde tendue en ligne droite à deux points fixes sera donc nécessairement rompue par la plus petite force qui lui serait appliquée tranversalement, si cette corde, n'étantpas susceptible de s'étendre, n'a pas d'ailleursune résistance longitudinale infinie.

212. Les conditions précédentes pour l'équilibre des trois forces P, Q, R supposent que le point A soit invariablement attaché à chacun des cordons, ou que le nœud qui les rassemble soit fixe; mais si le point A pouvait couler le long du cordon RAQ (*fig.* 75), comme ferait un anneau infiniment petit, enfilé par ce cordon, alors il ne suffirait plus que les forces P, Q, R eussent les relations données ci-dessus : il faudrait encore que la direction de la force P divisât en deux également l'angle formé par les deux parties de la corde QAR.

En effet, si l'on suppose que l'équilibre ait lieu, et qu'on fixe invariablement deux points F et F′ pris où l'on voudra sur ces cordons, il est clair que le point A est dans le même cas que s'il avait la liberté de se mouvoir dans une ellipse dont F et F′ sont les deux foyers, et AF, AF′ les rayons vecteurs. Or, pour qu'il soit en équilibre sur cette courbe en vertu de la force P, il faut que cette force soit perpendiculaire à la tangente à l'ellipse en ce point (190), et, par conséquent, divise en deux parties égales l'angle FAF′, formé par les rayons vecteurs.

Ainsi, dans le cas d'un nœud coulant, les deux parties de la corde le long de laquelle le nœud peut glisser doivent être également tendues.

213. On voit en même temps que, si l'on suppose le point ou l'anneau A fixe, les deux forces Q et R, appliquées au cordon QAR qui passe dans cet anneau, doivent être égales entre elles pour l'équilibre, et que la pression exercée par les deux forces sur le point fixe A est dirigée suivant la ligne qui divise en deux parties égales l'angle formé par les deux parties du cordon.

Quant au rapport de cette pression P à la tension Q du cordon, on aura, en nommant α la moitié de l'angle QAR, $P : Q :: \sin 2\alpha : \sin\alpha$; ou bien $P : Q :: 2\cos\alpha : 1$.

D'où l'on voit que la pression exercée sur le point A est égale à la tension de la corde multipliée par le double cosinus de la moitié de l'angle QAR.

214. Actuellement, soient plusieurs points A, B, C, D (*fig.* 76), liés entre eux par des cordons AB, BC, CD, et tirés par des forces N, P, Q, R, S, T, suivant d'autres cordons, mais de manière que chacun des points ou nœuds A, B, C, D n'en assemble pas plus de trois en même temps.

Si tout le système est en équilibre, chaque point doit être en équilibre de lui-même, en vertu des forces qui lui sont appliquées et des tensions des cordons adjacents. Le point A, par exemple, n'étant lié immédiatement qu'au seul point B, doit être en équilibre en vertu des deux forces N et P et la tension du cordon AB; car les autres points C et D ne peuvent réagir sur lui que par le cordon AB.

Il faut donc que les trois cordons AN, AP, AB soient dans un même plan; et si l'on nomme X la tension du cordon AB, il faut que l'on ait les rapports suivants

$$N : P :: \sin PAB : \sin NAB,$$
$$P : X :: \sin NAB : \sin NAP.$$

De même le point B doit être en équilibre en vertu de la force Q et des tensions suivantes BA et BC. Or la tension du cordon AB est la même que tout à l'heure; car l'action du point A sur le point B est parfaitement égale et contraire à l'action du point B sur le point A. Nous avons nommé X cette tension, nommons Y celle du cordon BC; on aura

$$X : Q :: \sin QBC : \sin ABC,$$
$$Q : Y :: \sin ABC : \sin QBA.$$

L'équilibre du point C donnera de même

$$Y : R :: \sin RCD : \sin BCD,$$
$$R : Z :: \sin BCD : \sin BCR.$$

On aura de même pour le point D deux proportions, etc., et ainsi de suite, s'il y avait un plus grand nombre de points.

En multipliant par ordre un nombre convenable de ces proportions, on trouvera le rapport de l'une quelconque des forces à telle autre force ou tension que l'on voudra. Si l'on multiplie les trois premières, par exemple, on aura le rapport de N à Q. Si l'on multiplie les quatre premières, on aura celui de N à la tension Y; etc.

215. Si les directions prolongées des forces P, Q, R, S divisent en deux parties égales les angles respectifs NAB, ABC, BCD, CDT du polygone funiculaire, les cordons AN, AB, BC, CD, DT seront tous également tendus; car on aura, par les rapports précédents,

$$N = X, \quad X = Y, \quad Y = Z, \quad Z = T.$$

De plus, en nommant 2α, 2β, 2γ, 2δ les angles du polygone, on aura, par les mêmes proportions,

$$P:Q:R:S::\cos\alpha:\cos\beta:\cos\gamma:\cos\delta$$

c'est-à-dire que les forces appliquées aux divers angles du polygone seront proportionnelles aux cosinus des moitiés de ces angles.

Donc, si, au lieu des forces P, Q, R, S, on substitue des points fixes A, B, C, D par-dessus lesquels passe la corde NABCDT, d'abord les deux forces N et T qui tirent les extrémités de cette corde seront égales entre elles, et la corde sera partout également tendue; et, en second lieu, la corde pressera sur chaque point en raison du cosinus de la moitié de l'angle formé en ce point, car chacun des points fixes A, B, C, D tient lieu d'une force qui divise en deux également l'angle formé par les deux parties de la corde qui y passe (213).

216. Supposons que les côtés contigus AB, BC soient égaux; le cosinus de la moitié de l'angle compris est marqué par le rapport de l'un des côtés au diamètre du cercle qui passerait par les trois points A, B, C. Donc, si tous les côtés du polygone funiculaire sont égaux entre eux, on peut dire que les forces P, Q, R, S sont réciproques aux diamètres de ces différents cercles dont chacun passe par trois angles consécutifs du polygone.

Or, en considérant une courbe comme un polygone d'une infinité de côtés égaux, chacun des cercles dont il s'agit devient, en chaque point de la courbe, ce qu'on nomme le cercle *osculateur*, c'est-à-dire le cercle qui a la même courbure en ce point.

Donc, lorsqu'une courbe funiculaire rentrant sur elle-même, ou dont les deux bouts sont fixes, est tirée en tous ses points équidistants par une infinité de forces normales qui se font équilibre, la corde est partout également tendue, et chaque force normale à la courbe est réciproque au rayon de la courbure dans le point où cette force est appliquée.

On a un exemple très-simple de cet équilibre dans une corde tendue par deux forces sur le contour d'une courbe fixe quelconque; car chaque point de la courbe fixe tient lieu d'une force qui serait dirigée suivant la normale à cette courbe. Ainsi, dans l'équilibre de la corde, la tension est partout la même, et chaque point de la courbe fixe est pressé suivant la normale en raison inverse du rayon de courbure.

217. Le polygone funiculaire NABCDT étant en équilibre en vertu des forces N, P, Q, R, S, T, concevons que sa figure devienne parfaitement invariable, de manière que les points A, B, C, D ne puissent plus changer leurs distances mutuelles : il est clair que l'équilibre subsistera toujours. Mais alors les forces N, P, Q, R, S, T étant en équilibre sur un système invariable, l'une d'elles est égale et directement opposée à la résultante de toutes les autres; ainsi ces autres forces ont une résultante. Or, comme cette résultante est exactement la même que si toutes les composantes s'étaient réunies parallèlement à elles-mêmes en un point quelconque de sa direction, il s'ensuit que *chaque cordon est tendu par la force qui le sollicite, comme il le serait par la résultante de toutes les autres forces qu'on y transporterait parallèlement à elles-mêmes*.

218. Lorsque les cordons extrêmes AN, DT sont dans un même plan, les deux forces N et T ont une résultante; et, d'après ce qu'on vient de dire, cette force doit être égale et directement opposée à la résultante V des autres

forces P, Q, R, S, comme si le polygone était invariable de figure. La résultante des forces P, Q, R, S appliquées aux angles du polygone doit donc passer par le point O où vont concourir les deux cordons extrêmes; et, par conséquent, si les deux extrémités N et T de ces cordons sont fixes, on aura sur-le-champ les deux efforts que supportent ces points fixes, ou les tensions des cordons AN, DT, en décomposant, au point O, la résultante V en deux forces N et T dirigées suivant ces cordons.

On trouverait de même les tensions de deux cordons quelconques situés dans un même plan, en prenant la résultante des forces appliquées sur les nœuds intermédiaires, et la décomposant suivant ces deux cordons au point où ils concourent : car, si un polygone funiculaire est en équilibre, une partie quelconque de ce polygone est aussi en équilibre d'elle-même, en vertu des forces appliquées sur cette partie et des tensions des deux derniers cordons que l'on y considère.

219. Lorsque les directions des forces P, Q, R, S sont toutes parallèles (*fig.* 97), on a toujours pour les forces et les tensions les mêmes proportions que ci-dessus (**214**); mais il faut une condition de plus pour l'équilibre : c'est que toutes les forces P, Q, R, S et les côtés du polygone soient dans un même plan; car, autour de chaque nœud, les cordons doivent être dans un même plan (**210**). Mais si le cordon BQ est parallèle au cordon AP, le plan PAB des trois premiers cordons est le même que le plan ABQ des trois suivants; et ainsi de suite.

Dans cette hypothèse de puissances parallèles, comme on a

$$\sin PAB = \sin QBA, \quad \sin QBC = \sin RCB, \ldots,$$

on trouvera par les proportions (**214**) que les tensions

successives N, X, Y, Z, T sont réciproques aux sinus des inclinaisons des côtés sur la direction des puissances parallèles P, Q, R, S, et qu'ainsi chacune des tensions est représentée par la sécante de son inclinaison sur une perpendiculaire à ces puissances.

Cela pourrait se voir aussi, comme au nº 218, en comparant immédiatement les tensions de deux côtés quelconques, qui seront toujours ici situés dans un même plan.

Mais, pour avoir des expressions plus simples et plus commodes, regardons toutes les forces appliquées au polygone comme étant verticales, et supposons qu'un des côtés de ce polygone soit horizontal.

Si l'on voulait comparer la tension t d'un côté quelconque à la tension a du côté horizontal d'où l'on part, on imaginerait ces deux côtés prolongés jusqu'à leur rencontre, et l'on supposerait en ce point une force verticale V égale à la somme des puissances appliquées sur les nœuds intermédiaires, et qui ferait équilibre aux deux tensions a et t.

On aura donc, en nommant φ l'inclinaison de la tension t sur la tension horizontale a,

$$t : a :: 1 : \cos\varphi,$$

ou $t = a \operatorname{séc}\varphi$: d'où l'on voit que, *dans l'équilibre d'un polygone funiculaire tiré par des puissances verticales, la tension de chaque côté est proportionnelle à la sécante de l'angle que fait ce côté avec l'horizon.*

On aurait ensuite

$$t : \mathrm{V} :: 1 : \sin\varphi;$$

ce qui donne la tension d'un côté quelconque exprimée par son inclinaison sur le côté horizontal, et par la somme des puissances parallèles qui agissent entre ces deux côtés.

On aurait enfin (ce qui, d'ailleurs, est une suite des deux proportions précédentes)

$$V : a :: \sin\varphi : \cos\varphi,$$

ou $V = a \tang\varphi$; d'où l'on tire ce théorème relatif à la figure que prend le polygone en vertu des forces appliquées : *la tangente de l'inclinaison de chaque côté sur l'horizon est proportionnelle à la somme des puissances verticales appliquées sur le contour, depuis le côté le plus bas jusqu'à celui que l'on considère.*

De la chaînette.

220. On peut considérer une corde pesante comme un fil chargé d'une infinité de petits poids distribués sur toute sa longueur, ou comme un fil sollicité en tous ses points par de petites forces verticales, et, par conséquent, parallèles. On voit donc que, si cette corde est attachée à deux points fixes S et T (*fig.* 78), elle ne peut demeurer en équilibre, à moins qu'elle ne soit tout entière dans un plan vertical. Elle forme alors un polygone funiculaire d'une infinité de côtés, ou plutôt une ligne courbe que l'on nomme la *chaînette.*

Pour trouver les efforts que la corde exerce sur les deux points S et T qui la soutiennent, on mènera à la courbe en ces points deux tangentes SO, TO, qui seront comme les prolongements des derniers côtés du polygone funiculaire ; appliquant ensuite au point O une force égale à la résultante de toutes les forces qui la sollicitent, c'est-à-dire égale au poids total de la corde, on décomposera cette force en deux autres dirigées suivant les tangentes

OS, OT, et qui exprimeront les charges respectives des deux points de suspension (218).

On trouverait de même la tension de la corde en un point quelconque, en imaginant que ce point est fixe, et en cherchant, comme ci-dessus, la charge qu'il éprouve par le poids du reste de la corde qui demeure en équilibre au-dessous.

Au reste, si l'on nomme t la tension en un point quelconque M de la chaînette, a celle qui a lieu au point B le plus bas, V le poids de l'arc s compris entre ces deux points, et φ l'angle formé avec la ligne horizontale par la tangente à l'extrémité de l'arc s, on aura entre ces quatre quantités les mêmes équations qu'au n° 219.

On voit donc, par la première équation $t = a \operatorname{séc} \varphi$, que, *dans une corde pesante en équilibre, la tension en chaque point varie comme la sécante de l'inclinaison de la courbe sur la ligne horizontale.*

Par la seconde équation $V = t \sin \varphi$, on voit que *la tension à l'extrémité d'un arc quelconque de la corde est égale au poids de cet arc divisé par le sinus de l'inclinaison de la corde en ce point.*

Et l'on doit remarquer que ces équations ont lieu, quelle que soit l'inégalité de la corde ou chaîne pesante que l'on considère.

Si la chaîne est uniforme, on peut représenter le poids V de l'arc s par la longueur de cet arc lui-même, et la troisième équation devient $s = a \operatorname{tang} \varphi$, équation très-simple de la chaînette entre les coordonnées s et φ.

Ainsi *la chaînette est une courbe telle, que la tangente de son inclinaison sur un axe horizontal augmente comme la longueur de l'arc, à partir du point le plus bas.*

Cette courbe est donc la même à gauche et à droite de l'axe vertical qui passe par le sommet B, et, comme la parabole, elle a deux branches égales qui s'étendent à l'infini.

Il est même aisé de voir que le rayon R de la courbure y est exprimé par $R = a : \cos^2\varphi$, et qu'ainsi il est réciproque au carré du cosinus de l'inclinaison de la courbe sur son axe horizontal.

Car, en considérant une courbe comme un polygone d'une infinité de côtés égaux c, on a, pour le rayon R du cercle décrit sur deux côtés consécutifs comme cordes,

$$R = c : 2 \sin \varepsilon,$$

en nommant 2ε l'angle extérieur du polygone (216).

Or, φ étant l'inclinaison du premier côté, et, par conséquent, $\varphi + 2\varepsilon$ étant celle du second, on a ici, par les deux équations $s = a \operatorname{tang} \varphi$ et $s + c = a \operatorname{tang}(\varphi + 2\varepsilon)$, l'équation

$$c = a[\operatorname{tang}(\varphi + 2\varepsilon) - \operatorname{tang}\varphi],$$

expression qu'on peut ramener à celle-ci :

$$c = a \frac{2 \sin \varepsilon . \cos \varepsilon}{\cos \varphi . \cos(\varphi + 2\varepsilon)}.$$

On a donc

$$R = \frac{c}{2 \sin \varepsilon} = a \frac{\cos \varepsilon}{\cos \varphi . \cos(\varphi + 2\varepsilon)};$$

d'où l'on tire, en faisant l'angle extérieur 2ε égal à zéro (afin de passer du polygone à la courbe même),

$$R = \frac{a}{\cos^2 \varphi}.$$

C. Q. F. D.

221. Ce qu'on vient de dire d'une corde pesante, ou

d'un assemblage de petits corps pesants unis ensemble par un fil inextensible, pourrait s'appliquer à plusieurs globules appuyés les uns contre les autres, et qui se soutiendraient mutuellement en voûte. Ils doivent affecter alors la forme d'une chaînette renversée; car, si tous ces globules, à cause de leur impénétrabilité mutuelle, sont en équilibre en vertu de leur poids ou des forces verticales qui les sollicitent, il est clair qu'ils demeureraient encore en équilibre si ces forces venaient à agir en sens contraire, pourvu qu'alors on supposât tous ces globules liés deux à deux par un fil inextensible; mais alors ce fil formerait une chaînette renversée : donc il a actuellement cette figure.

C'est encore la figure que prendrait une voile verticale enflée par le vent; car, considérez dans cette voile une section quelconque horizontale s que nous regarderons comme un polygone d'une infinité de côtés égaux : il est visible que le nombre des molécules d'air qui viennent rencontrer un de ces côtés est proportionnel, non pas à la longueur c de ce côté, mais à sa projection $c \cos \varphi$ sur une perpendiculaire à la direction du vent. Ainsi la force qui vient sur chaque élément de la courbe s est proportionnelle au cosinus de son inclinaison φ à la perpendiculaire dont il s'agit. Mais cette force n'agit pas tout entière sur la voile, car, à la rencontre du côté c, la vitesse v de chaque molécule d'air se décompose en deux : l'une $v \sin \varphi$ parallèle à c, et qui ne tend qu'à faire glisser cette molécule sur la voile sans y produire aucun effet; l'autre $v \cos \varphi$ perpendiculaire au côté c, et qui seule agit pour tendre cette voile. La force normale qui presse chaque élément de la courbe s est donc proportionnelle à $\cos^2 \varphi$.

Mais, une courbe étant tenue en équilibre par des

forces normales appliquées en tous ses points équidistants, chacune d'elles (216) est réciproque au rayon de la courbure dans le point où cette force est appliquée; et *vice versâ*, ce rayon est réciproque à la force. Or ici la force est proportionnelle à $\cos^2 \varphi$: donc une section quelconque horizontale, faite dans une voile verticale enflée par le vent, est de telle nature, que le rayon osculateur y est réciproque au carré du cosinus de l'inclinaison de la courbe sur une perpendiculaire à la direction du vent; ce qui est précisément une chaînette dont l'axe serait dans cette direction (220).

Des poulies et des moufles.

222. Considérons maintenant un système de poulies mobiles A, A', A'' (*fig.* 79). La première A, qui soutient un poids P attaché à sa chape, se trouve embrassée par une corde dont l'une des extrémités F est fixe, tandis que l'autre est attachée à la chape de la poulie suivante A'; cette seconde poulie est de même embrassée par une corde dont l'une des extrémités F' est fixe, tandis que l'autre est attachée à la chape de la troisième poulie A''; et ainsi de suite jusqu'à la dernière, dont le cordon, arrêté d'une part à un point fixe F'', est tiré de l'autre par une puissance Q.

Si tout le système est en équilibre, chaque poulie est en équilibre d'elle-même, en vertu des forces ou des tensions qui agissent sur elle.

Ainsi, nommant r, r', r'' les rayons respectifs des poulies, c, c', c'' les sous-tendantes des arcs embrassés par les cordons, X la tension du premier cordon, Y celle du suivant, on aura, pour l'équilibre de la poulie A (185),

$$X : P :: r : c.$$

On aura de même, pour l'équilibre de la poulie A',

$$Y : X :: r' : c';$$

et pour la troisième A'',

$$Q : Y :: r'' : c'';$$

en multipliant par ordre, il viendra

$$Q : P :: rr'r'' : cc'c'';$$

c'est-à-dire, *la puissance est à la résistance comme le produit des rayons des poulies est au produit des sous-tendantes des arcs embrassés par les cordons.*

223. Si tous les cordons deviennent parallèles (*fig.* 80), les sous-tendantes c, c', c'' deviennent égales aux diamètres $2r$, $2r'$, $2r''$, et l'on a, en divisant les deux termes du dernier rapport par le produit $rr'r''$,

$$Q : P :: 1 : 2.2.2;$$

c'est-à-dire qu'en général *la puissance est au poids comme l'unité est au nombre 2 élevé à une puissance marquée par le nombre des poulies.*

C'est le cas le plus favorable à la puissance; car le produit des sous-tendantes c, c', c'' est le plus grand possible, lorsqu'elles sont égales aux diamètres.

Si, dans chaque poulie, l'arc embrassé par la corde était le tiers de la demi-circonférence, les sous-tendantes de ces arcs seraient égales aux rayons respectifs des poulies, et la puissance serait égale au poids.

224. Une *moufle* est un système de poulies assemblées dans une même chape, ou sur des axes particuliers (*fig.* 81 et 82), ou sur le même axe (*fig.* 83).

Considérons deux moufles, l'une fixe et l'autre mobile, et supposons que toutes les poulies soient embrassées par une même corde attachée par une extrémité à la chape de l'une des moufles, et tirée à l'autre extrémité par une puissance Q, qui fait équilibre à un poids P suspendu à la moufle mobile.

Si l'on suppose, ce qui a presque toujours lieu d'une manière sensible, que les diverses parties de la corde soient parallèles, il est visible qu'on aura : *la puissance* Q *est à la résistance* P *comme l'unité est au nombre des cordons qui soutiennent la moufle mobile;* car, toutes les poulies étant embrassées par la même corde, et devant être en équilibre chacune en particulier, les cordons sont également tendus. On peut donc considérer le poids P comme soutenu par autant de forces égales et parallèles qu'il y a de cordons qui vont directement d'une moufle à l'autre; et, par conséquent, la tension de l'un des cordons, ou la puissance Q, est au poids P comme l'unité est au nombre de ces cordons.

Ainsi, dans le cas de la *fig.* 81, la puissance est le sixième de la résistance; et, dans le cas de la *fig.* 82, elle n'en est que le cinquième, parce qu'il y a un cordon de moins pour soutenir la moufle mobile.

225. Considérons enfin un système de tours, A, A', A'', qui réagissent les uns sur les autres, comme on le voit dans la *fig.* 84. Soient r, r', r'' les rayons respectifs de leurs cylindres; R, R', R''' ceux de leurs roues. La corde appliquée tangentiellement au premier cylindre porte un poids P, et la corde appliquée à la roue, au lieu d'être tirée immédiatement par une puissance, est attachée au cylindre du second tour A'. La roue de celui-ci est de même tirée par une corde qui passe sur le cylindre du

troisième tour A″; et ainsi de suite jusqu'au dernier, dont la roue est tirée par la puissance Q.

Si le système est en équilibre, chaque tour est en équilibre de lui-même, en vertu des tensions des cordons qui sollicitent le cylindre et la roue. Ainsi, en nommant X la tension du cordon qui va du premier tour au second, on aura (186)

$$X : P :: r : R;$$

en nommant Y celle du cordon suivant, on aura

$$Y : X :: r' : R',$$

et de même pour le dernier tour,

$$Q : Y :: r'' : R'',$$

et multipliant par ordre,

$$Q : P :: rr'r'' : RR'R'';$$

c'est-à-dire, *la puissance est à la résistance comme le produit des rayons des cylindres est au produit des rayons des roues.*

Des roues dentées.

226. Si l'on rapproche tous ces tours, de manière que la roue du premier devienne tangente au cylindre du second, et que la roue de celui-ci soit tangente au cylindre du troisième, et ainsi de suite; et si l'on suppose que chaque roue s'engage au cylindre contigu, de telle sorte qu'elle ne puisse tourner sans faire tourner ce cylindre, et réciproquement, on pourra supprimer les cordes qui lient tous ces tours, et l'on aura toujours le même rapport que ci-dessus entre la puissance et la résistance.

Pour engager solidement chaque roue avec le cylindre du tour suivant (*fig.* 85), on pratique à leur circonférence des *dents* également espacées, qui engrènent les unes dans les autres, de manière que chaque roue, qu'on nomme alors *roue dentée*, ne peut tourner sur son axe sans que le cylindre, qu'on nomme alors *pignon*, tourne en même temps sur le sien.

On a donc, pour l'équilibre de deux forces qui réagissent l'une sur l'autre au moyen des roues dentées : *la puissance est à la résistance comme le produit des rayons des pignons est au produit des rayons de roues.*

Du cric.

227. On considère, dans le *cric* simple, un pignon que l'on fait tourner sur son axe au moyen d'une manivelle (*fig.* 86) ; ce pignon engrène avec une barre inflexible dentée, de manière qu'en tournant sur son axe il oblige la barre à se mouvoir dans le sens de sa longueur. En supposant donc une résistance qui s'oppose directement au mouvement de cette barre, résistance que l'on peut considérer comme une force perpendiculaire à l'extrémité du rayon du pignon, il est visible que l'on aura : *la puissance appliquée à la manivelle est à la résistance, dans le sens de la barre, comme le rayon du pignon est au rayon de la manivelle.*

D'où l'on voit que l'effort exercé par le cric sera d'autant plus considérable que le rayon du pignon sera plus petit par rapport à celui de la manivelle.

Lorsqu'on veut augmenter encore la force du cric, sans augmenter le bras du levier de la manivelle et sans diminuer le rayon du pignon, au lieu de faire agir immédiatement ce pignon sur la barre dentée, on le fait agir sur une roue dentée intermédiaire, et c'est le pignon de cette roue qui engrène avec la barre. Alors on a pour l'équilibre : *la puissance appliquée à la manivelle est à la résistance, dans le sens de la barre, comme le produit des rayons des deux pignons est au produit du rayon de la roue par le rayon de la manivelle.*

De la vis sans fin.

228. On peut encore considérer une vis mobile autour de son axe, et dont le filet mène les dents successives d'une roue à laquelle il se présente toujours d'une manière uniforme; et c'est ce qui compose la *vis sans fin*.

Par l'équilibre de la vis, on voit (*fig.* 87) que la puissance Q, appliquée à la manivelle dont le rayon est R, est à l'effort f, avec lequel le filet presse la dent de la roue, comme le pas h de la vis est à la circonférence $2\varpi R$, que tend à décrire la puissance; et l'on a

$$Q : f :: h : 2\varpi R.$$

Actuellement, si cette roue dentée, d'un rayon A, fait tourner un cylindre de même axe et monter un poids P, suspendu au bout d'une corde qui s'enroule sur ce cylindre, on aura par l'équilibre du treuil, en nommant a le rayon du cylindre,

$$f : P :: a : A,$$

et, multipliant par ordre,

$$Q : P :: ah : 2\varpi RA;$$

c'est-à-dire, *la puissance est au poids comme le produit du pas de la vis par le rayon du treuil est au produit de la roue dentée par la circonférence que tend à décrire la puissance.*

D'une machine nouvelle qu'on a nommée le genou.

229. Cette machine est composée de deux barres ou verges roides AO, BO (*fig.* 88 et 89), jointes en O par une charnière sur laquelle elles peuvent tourner comme les deux branches d'un compas. L'extrémité A de la première est liée par une autre charnière à une barre inébranlable AC, de sorte que cette branche AO est comme un levier dont l'appui fixe est au point A; mais l'extrémité B de la seconde branche ne fait que poser sur la barre inébranlable, ou plutôt elle est contenue dans la rainure fixe AC, le long de laquelle elle peut glisser librement.

Par la nature même de cet assemblage, il est évident que, si une puissance agit pour faire tourner la branche OA autour du point A, et rapprocher ainsi le point O de l'axe fixe AC, l'angle O du genou tend à s'ouvrir, et le point B tend à s'éloigner de A en glissant dans la rainure AC. Donc, si l'on applique en B une force convenable en sens contraire, elle fera équilibre à la puissance; et c'est dans le rapport de ces deux forces que consiste la loi de cette machine, qui dépend, comme on voit, de la théorie du levier et du plan incliné.

Au lieu d'appliquer immédiatement la puissance P à la branche OA, on l'applique ordinairement à une barre *mn* solidement liée avec elle; et c'est à l'aide de cette barre *mn* qu'on agit sur le genou, pour exercer en B, le long de la rainure, l'effort Q ou la pression qu'on veut produire.

Supposons donc que la puissance P agisse au point *n*,

perpendiculairement à la distance An, ce qui est la position la plus favorable à l'action de cette puissance, et réduisons toute la figure aux lignes droites OA, OB, AC, An, qui sont toutes dans un même plan avec les directions des forces appliquées.

Si l'on considère d'abord cette puissance P qui tend à faire tourner le levier AO autour du point A, et qu'on cherche avec quelle force X elle pousse le point O et, par conséquent, le point B, dans le sens OB, on verra, par la loi du levier, que ces deux forces P et X sont entre elles comme leurs bras de levier Ah et An; de sorte qu'on aura $P : X :: Ah : An$; ou si l'on fait, pour abréger, le bras $An = r$, le côté $AO = a$, et, par conséquent, $Ah = a \sin O$, en désignant par O l'angle du genou, on aura plus simplement

$$P : X :: a \sin O : r.$$

Actuellement cette force X, qui pousse B vers le plan incliné AC, est à la force Q, qui retient ce point le long du même plan, comme le rayon est au cosinus de l'inclinaison OBA; de sorte que, en nommant B cet angle, on a

$$X : Q :: 1 : \cos B;$$

et, multipliant par ordre, il vient

$$P : Q :: a \sin O : r \cos B,$$

proportion qui contient la loi cherchée de l'équilibre du genou.

230. On pourrait encore présenter la démonstration précédente d'une manière aussi simple et plus conforme à la méthode générale indiquée à la fin du n° 209; car, le système étant supposé en équilibre, chaque partie doit être en équilibre d'elle-même, en vertu des forces appliquées et de la réaction qu'elle éprouve de la part des autres parties. Ainsi le levier OA doit être en équilibre en vertu de la puissance P et de l'action X du point B sur le point O de ce levier, action qui ne peut avoir lieu que dans le sens BO, et l'on a

$$P : X :: a \sin O : r.$$

Maintenant le point B doit être en équilibre de lui-même, en vertu de la force Q qui le tire le long du plan BA, et de la réaction du point O qui le pousse suivant OB contre ce même plan; et comme cette réaction est encore égale à X, on a, par la théorie du plan incliné,

$$X : Q :: 1 : \cos B,$$

ce qui redonne, en multipliant par ordre, la même proportion trouvée ci-dessus; d'où l'on tire

$$Q = \frac{Pr \cos B}{a \sin O},$$

pour l'expression de l'effort Q exercé par la puissance.

Remarque.

231. A mesure que l'angle B diminue, l'angle O du genou augmente; le facteur cos B croît donc sans cesse vers l'unité, et le facteur sin O diminue vers zéro, de manière qu'ils peuvent approcher de ces limites d'aussi près que l'on voudra. Or, la résistance Q étant proportionnelle à cos B et réciproque à sin O, on voit, par cette double raison, que la force Q augmente à mesure que les deux côtés du genou s'approchent d'être en ligne droite, et qu'à cette limite elle serait infinie : ce qui veut dire

qu'elle augmente sans bornes, et qu'ainsi la pression exercée par le genou, dans le sens de la rainure, peut devenir plus grande que toute pression donnée.

On voit encore que la puissance a d'autant plus d'avantage, que le côté $AO = a$ est plus court, et que le bras du levier $An = r$ est plus considérable. Par cette dernière raison, il y aura de l'avantage, pour une même longueur de la barre mn, à implanter cette barre sur le côté le plus près qu'on pourra de l'angle du genou.

Si la puissance P, au lieu d'agir perpendiculairement sur la ligne An, agissait sous un autre angle quelconque dans le même plan, il faudrait prendre, pour le bras de levier r, la distance de cette force au point fixe.

S'il y avait plusieurs forces pour faire tourner le levier AO, il faudrait mettre dans l'équation précédente, au lieu du moment Pr, la somme des moments de toutes ces forces.

Du Genou isoscèle.

232. Supposons que le triangle AOB soit isoscèle, et qu'ainsi les angles A et B soient égaux : l'angle O devient le supplément de $2B$, et l'on a $\sin O = 2 \sin B \cos B$. La proportion donnée plus haut pour l'équilibre devient donc

$$P : Q :: 2a \sin B : r,$$

ou bien, si l'on aime mieux introduire dans la proportion l'angle O des deux côtés du genou, comme l'angle B est complément de $\frac{O}{2}$, on aura $\sin B = \cos \frac{O}{2}$, ou simplement $\sin B = \cos \varphi$, en faisant, pour simplifier, $\frac{O}{2} = \varphi$, et la proportion sera

$$P : Q :: 2a \cos \varphi : r,$$

ce qui donne une expression très-simple de la loi de l'équilibre.

Mais on peut encore, au lieu des sinus ou cosinus, n'employer que des lignes tirées de la construction de la machine; car il est évident que le terme $2a \sin B$, ou $2a \cos \varphi$, vaut deux fois la flèche $OI = f$ d'un arc de cercle qui serait conduit par AOB. Donc, si l'on voulait nommer simplement cette ligne OI la *flèche* du genou, la loi de l'équilibre pourrait s'énoncer de la manière suivante :

Dans l'équilibre du genou dont les côtés sont égaux, la puissance qui tend à faire tourner le premier côté autour de son extrémité fixe est à la résistance que l'extrémité mobile du second côté éprouve dans le sens de la rainure comme le double de la flèche du genou est au bras du levier par lequel agit la puissance.

233. J'ai fait abstraction du poids des parties de la machine, mais il est bien aisé d'y avoir égard. Et d'abord, la barre AC étant supposée fixe, son poids G ne change en rien la proportion trouvée pour l'équilibre : il ne fait qu'ajouter à la pression de cette barre sur ses appuis; mais le poids de la première branche AO, que je représente par $2p$, favorise l'action de la puissance; et si l'on suppose, par exemple, que l'axe AC soit vertical, et la branche AO d'une grosseur uniforme, de manière que son centre de gravité tombe au milieu de AO, il est évident que le poids $2p$ ajoute au moment Pr de la puissance le moment pf. Enfin le poids $2p$ de la seconde branche BO, que je suppose égal et appliqué de même au milieu de BO, peut se décomposer en deux forces égales, l'une p appliquée en O, l'autre p appliquée en B en sens opposé de Q. Or la première force p, à la dis-

tance f du point fixe, ajoute encore au moment de la puissance le moment pf, et la seconde, appliquée en B, diminue la force Q de p.

Ainsi l'équation de l'équilibre, qui était

$$Pr = Q\,2f,$$

devient, quand on a égard au poids de la machine,

$$Pr + pf + pf = (Q - p)\,2f,$$

ce qui donne

$$Pr = (Q - 2p)\,2f;$$

d'où l'on voit que le poids de la machine, dans la situation que je lui ai donnée, augmente l'effort Q d'une quantité $2p$ égale à la moitié du poids des deux branches mobiles du genou.

Des pressions exercées sur les appuis.

234. Quant aux pressions que souffre l'axe fixe AC, tant en vertu des forces appliquées que du poids de la machine, voici comment on peut les calculer :

Premièrement, cet axe est pressé au point B par une force perpendiculaire V, résultante de X et de $Q - p$, et dont la valeur est exprimée par $(Q - p)\cot\varphi$.

En second lieu, le point fixe A est pressé par le poids G de la barre AC et par la résultante de toutes les forces qui agissent sur la branche AO, et qu'on transporterait parallèlement à elles-mêmes au point O. Or, qu'on décompose d'abord chacune de ces pressions en deux autres, l'une dirigée dans l'axe AC, l'autre perpendiculaire au même axe, on aura, pour les deux composantes de P, $P\cos\omega$ et $P\sin\omega$, ω étant l'inclinaison de P sur AC; pour les deux composantes de X, on aura $(Q-p)$ et Y; enfin, pour les deux poids $2p$ et p transportés en A, on aura la force $3p$ dirigée suivant l'axe AC. Donc, en réduisant, le point A souffrira, dans le sens de l'axe AC, une pression α égale à $G + P\cos\omega - Q + 4p$, et, dans une direction perpendiculaire, une pression β égale à

$$P\sin\omega + (Q-p)\cot\varphi.$$

De sorte que la pression totale du point fixe sera exprimée en grandeur par $\sqrt{\alpha^2+\beta^2}$ et sera inclinée sur l'axe AC d'un angle dont la tangente sera $\frac{\alpha}{\beta}$.

Ainsi l'on saura avec quelle force l'axe du genou doit être retenu en A et en B, pour n'être pas entraîné par l'action combinée des forces appliquées et du poids de la machine.

235. J'ai cru devoir expliquer cette machine nouvelle avec assez de détail, parce qu'elle m'a paru ingénieuse et qu'elle n'est encore démontrée nulle part. Elle est à peu près du même genre que la vis, mais d'une construction beaucoup plus simple; on peut s'en servir de la même manière, pour exercer, à l'aide d'une puissance médiocre, des pressions très-considérables, ou pour former sur certains corps de fortes et vives empreintes.

Sur un ancien paradoxe de Statique relatif à la théorie des moments.

236. La loi du levier, comme on l'a vu plus haut, et comme on le sait depuis longtemps, est que les deux forces appliquées soient réciproques à leurs distances au point d'appui, et qu'ainsi les moments de ces forces soient égaux entre eux pour l'équilibre.

Or il y a une machine singulière, dont l'idée est due à Roberval, et qui présente une espèce de levier où deux poids égaux se font toujours équilibre, quoiqu'on les suspende à des bras de levier quelconques inégaux; et de là résulte, dans la théorie des moments, une espèce de paradoxe, qu'on a tâché de résoudre par une certaine décomposition de forces, mais dont il me semble qu'on n'a point encore donné la véritable explication. (*Voyez* l'Article de d'Alembert, au mot Levier, dans l'*Encyclopédie*.)

Cependant on pouvait reconnaître d'abord que ce cas d'équilibre n'a rien de contraire à la loi générale du levier; car la machine de Roberval n'est point un véritable levier, c'est-à-dire un corps ou une verge *roide* mobile autour d'un *seul* point fixe : c'est un assemblage ou système de figure *variable,* dans lequel il y a *deux* points fixes, et où il n'est pas du tout surprenant que la condition de l'équilibre soit tout autre que dans le levier simple. Ainsi, par cette seule distinction que nous avons établie entre une machine simple et une machine composée, le paradoxe s'évanouit. Mais on n'avait point encore une définition bien précise des machines, ni surtout une idée nette des *moments,* efforts d'un certain genre que les *couples* seuls ont mis en évidence, et pour ainsi dire rendus sensibles dans toute la Mécanique. Et, en effet, par cette théorie des couples, la machine de Roberval n'offre pas même de difficulté : car, à l'aide des deux points fixes qui existent dans le système, il peut très-bien arriver que chacun des couples qui viennent des deux forces appliquées se trouve séparément détruit par la résistance de ces points, et que, dans une pareille machine, le rapport des moments soit tout à fait arbitraire. C'est, en effet, ce qui a lieu, comme on va le voir tout à l'heure : et ce cas singulier d'équilibre, loin d'offrir un paradoxe, n'est qu'une nouvelle confirmation de nos principes; et je ne m'y arrête un instant que pour en donner, par les couples, la démonstration la plus claire, et peut-être la seule exacte qu'on en ait encore présentée jusqu'ici.

De la balance de Roberval.

237. Imaginez quatre règles deux à deux, égales et parallèles, et formant un parallélogramme AB*ab* (*fig.* 90 et 91), dont les côtés soient mobiles autour des angles A, B, *a*, *b*, comme sur des charnières. Supposez que les milieux F et *f* des deux côtés AB, *ab* soient fixes, et, pour plus de clarté, que ces deux points tombent dans la même verticale F*f*; vous aurez une machine formée par la réunion de deux balances égales et parallèles, qui se répondent dans un même plan vertical, et dont tous les mouvements autour de leurs appuis se suivent sans se nuire en aucune manière : car si l'une d'elles, AB par exemple, tourne autour de son appui fixe F, l'autre *ab* tourne en même temps sur le sien, dans le même sens et d'une même quantité angulaire; et le parallélogramme AB*ab* prend toutes les figures qu'il peut affecter, en changeant ses angles, sans changer la longueur de ses côtés.

Si donc à l'un de ces leviers, tel que AB, et en des points quelconques de ce levier, ou même de son prolongement, étaient appliquées deux forces qui se fissent équilibre, il faudrait nécessairement que ces deux forces fussent réciproques à leurs distances au point d'appui F, comme si le levier AB était seul et parfaitement libre; car ce levier est libre en effet, puisque l'autre *ab* ne fait que suivre et, pour ainsi dire, répéter ses mouvements, sans y porter la moindre altération. Ainsi les moments devraient être égaux de part et d'autre autour du point fixe F, et il n'y aurait là rien qui ne fût entièrement d'accord avec la théorie.

Mais si, au lieu d'appliquer les forces ou les deux poids P et Q à l'un de ces leviers, on les applique, le premier P à une barre KI invariablement fixée à angle droit sur le côté B*b* qui unit les deux balances, le second Q à une barre GH, fixée de même sur le côté A*a*, on trouve que ces deux poids, pourvu qu'ils soient égaux, se font toujours équilibre, quelles que soient les longueurs des bras IK et GH, où ils sont suspendus, et c'est ce qu'il faut montrer ici comme une conséquence toute naturelle de notre théorie des moments.

Pour cela, qu'on transporte la force P parallèlement à elle-même de I en K dans la droite B*b*, et l'on a un couple (P, — P) dont le bras de levier est IK. Mais ce couple est détruit par les deux points fixes; car il peut d'abord être changé en un autre équivalent d'un bras égal à la distance *mn* des deux balances AB et *ab*; ensuite, comme le bras KI est invariablement attaché au côté B*b*, par l'hypothèse même, ce couple transformé (P', — P') peut être tourné dans son plan, et appliqué exactement sur le côté B*b*. Dans cette position, l'une des forces P' se dirige vers le point F qui est fixe, l'autre — P' se dirige vers l'autre point fixe *f*, et le couple est détruit, quel que soit son moment P' × *mn* ou P × IK. Ainsi il ne reste, de ce côté de la machine, que la force P transportée au point K.

Pareillement, la force Q peut être transportée parallèlement à elle-même de G en H, et le couple (Q, — Q) qu'elle produit, pouvant être changé en un autre (Q', — Q') appliqué sur le côté A*a*, se trouve détruit, comme le précédent, par la résistance des deux points fixes.

Il ne reste donc que les deux forces P et Q, mais appliquées maintenant aux points K et H, ou, si l'on veut, en B et A, et qui, par l'équilibre de la balance AB, doivent être parfaitement égales entre elles. Ainsi, dans la balance de Roberval, la condition unique pour l'équilibre est l'égalité des deux poids, quelles que soient leurs distances aux points d'appui.

Cette machine est en quelque sorte, pour les simples forces, ce que le levier ordinaire est pour les couples ou moments. Dans l'équilibre du levier, les deux forces peuvent être dans un rapport quelconque : il suffit que les moments soient égaux ; mais, dans la balance de Roberval, il faut que les forces soient égales, et c'est le rapport des moments qui est arbitraire.

238. Au reste, ceci n'est qu'un cas particulier d'une proposition plus générale; car, au lieu de deux balances AB et *ab*, on pourrait considérer deux leviers égaux et parallèles, dont les appuis F et *f* ne soient plus au milieu de leurs longueurs, mais divisent ces lignes dans un même rapport quelconque. De plus, on pourrait supposer que les forces P et Q, qui agissent sur les barres IK, GH, ne soient point parallèles, mais dirigées comme on voudra dans le même plan. On démontrerait exactement de la même manière que, les deux forces P et Q étant transportées parallèlement à elles-mêmes aux deux bouts B et A de l'un des deux leviers AB de la machine, les deux couples qui naissent de cette translation sont séparément détruits par les points fixes; que, par conséquent, la condition unique pour l'équilibre est que les deux forces appliquées soient entre elles dans un rapport constant, qui ne dépend point de leurs distances au point F, mais uniquement des distances de ce point aux deux parallèles à ces forces, menées par les deux bouts du levier. Ainsi, quand deux forces sont une fois en équilibre sur cette machine, on peut les transporter où l'on veut parallèlement à elles-mêmes, sans que l'équilibre soit troublé. Elles réagissent toujours l'une sur l'autre de la même manière. La seule chose qui change est la grandeur des couples détruits, et, par conséquent, la pression que souffrent en sens contraires les deux points fixes dans la direction des deux leviers.

Par exemple, dans le cas de P et Q parallèles, le point F, outre la pression verticale P + Q qu'il supporte, comme dans le levier ordinaire, éprouve encore, dans le sens du levier, une pression P′ — Q′, égale à

$$\frac{P \times KI}{mn} - \frac{Q \times GH}{mn};$$

et l'autre point fixe f éprouve une pression égale et parallèle, et de sens contraire : de sorte qu'il y a, sur l'axe Ff qui joindrait les points fixes, un couple dont le moment est

$$P \times KI - Q \times GH,$$

c'est-à-dire égal à la différence des moments des forces appliquées, et qui tend à renverser la machine.

239. Il faut remarquer que, dans la démonstration précédente, il n'est pas nécessaire de supposer les barres KI et GH implantées à angle droit, et sur le milieu des côtés Bb, Aa; elles peuvent y être fixées où l'on voudra et sous des angles quelconques : il suffit que la liaison avec ces côtés soit invariable.

240. On pourrait encore, au lieu de deux leviers AB et ab, imaginer deux tours égaux et parallèles, dont je suppose les deux axes projetés en F et f. Si les rayons correspondants des deux roues et des deux cylindres sont

unis de même par des côtés parallèles Bb, Aa, mobiles sur des charnières B, b, A, a, on aura encore une machine du même genre que la balance de Roberval, et où deux poids P et Q, étant une fois en équilibre, y resteront toujours, à quelque distance qu'on les suspende sur les bras KI et GH.

241. Si l'on imagine enfin que les axes fixes de ces tours soient les deux axes de deux vis égales qu'une puissance P tende à faire avancer dans leurs écrous, on verra de même que l'effort de cette puissance pour faire avancer la vis ne change point, quelle que soit la longueur du bras KI par lequel elle agit, et qu'il est toujours le même que si la force agissait simplement au point B, dans une direction parallèle.

242. Nous pourrions étudier encore d'autres machines; mais, comme elles n'offriraient rien de nouveau qui méritât de trouver place dans les *Éléments*, nous n'étendrons pas plus loin ces applications. Notre objet principal, dans ces deux derniers Chapitres, était de fixer par quelques exemples très-simples les principes que nous avions établis et développés dans les deux Chapitres précédents. Nous avons cru devoir indiquer en même temps la marche que l'on peut suivre pour trouver les conditions de l'équilibre dans quelque machine que ce soit, et c'est ce qui n'offrira aucune difficulté, d'après ce qu'on a dit aux n°s 209 et suivants, surtout lorsque l'on ne considérera que deux forces appliquées à la machine.

FIN.

Paris. — Imp. Gauthier-Villars, 55, quai des Grands Augustins.

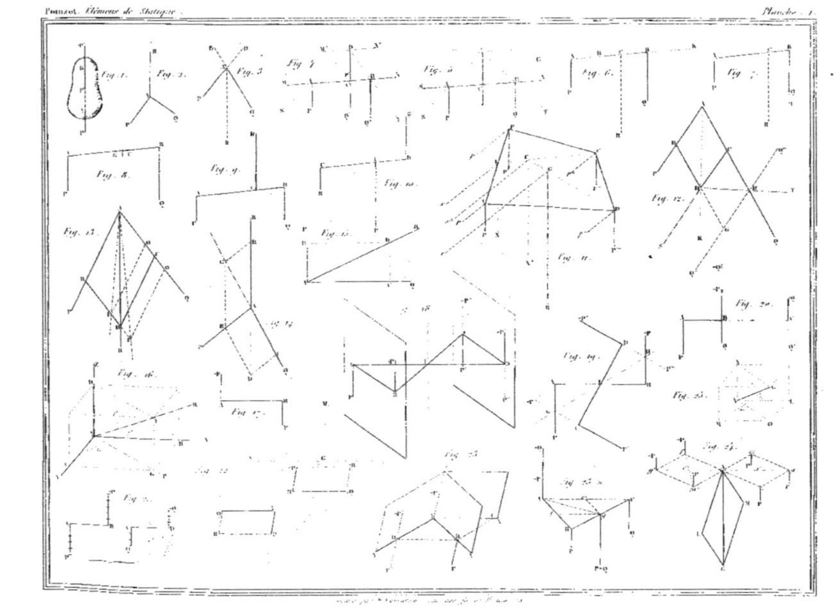
Poinsot. Élémens de Statique.
Planche 1.

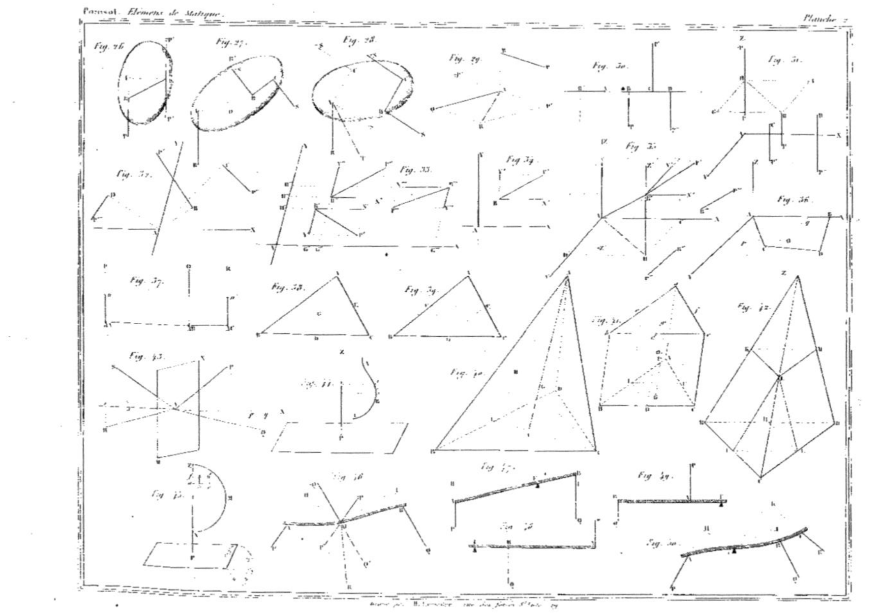
Poinsot. Élémens de Statique.
Planche 2.
Fig. 26.
Fig. 27.
Fig. 28.
Fig. 29.
Fig. 30.
Fig. 31.
Fig. 32.
Fig. 33.
Fig. 34.
Fig. 35.
Fig. 36.
Fig. 37.
Fig. 38.
Fig. 39.
Fig. 40.
Fig. 41.
Fig. 42.
Fig. 43.
Fig. 44.
Fig. 45.
Fig. 46.
Fig. 47.
Fig. 48.
Fig. 49.
Fig. 50.

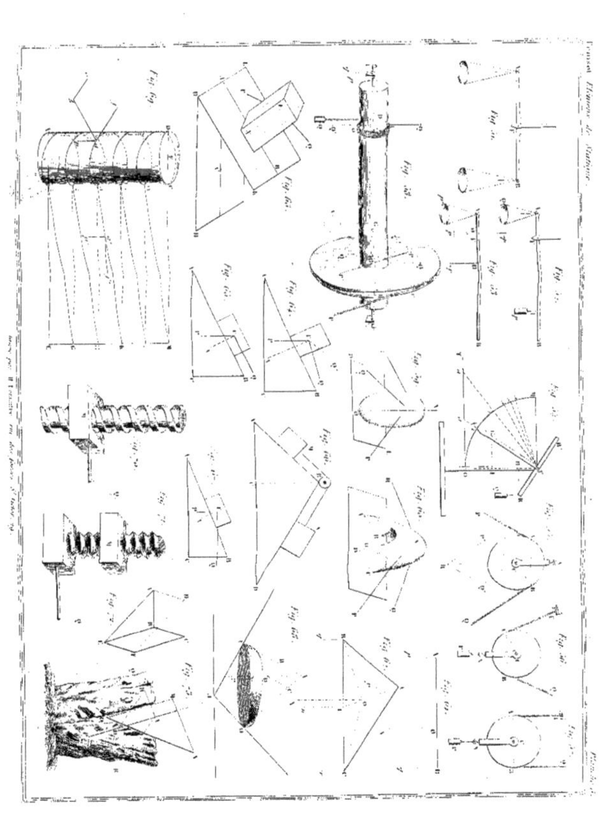

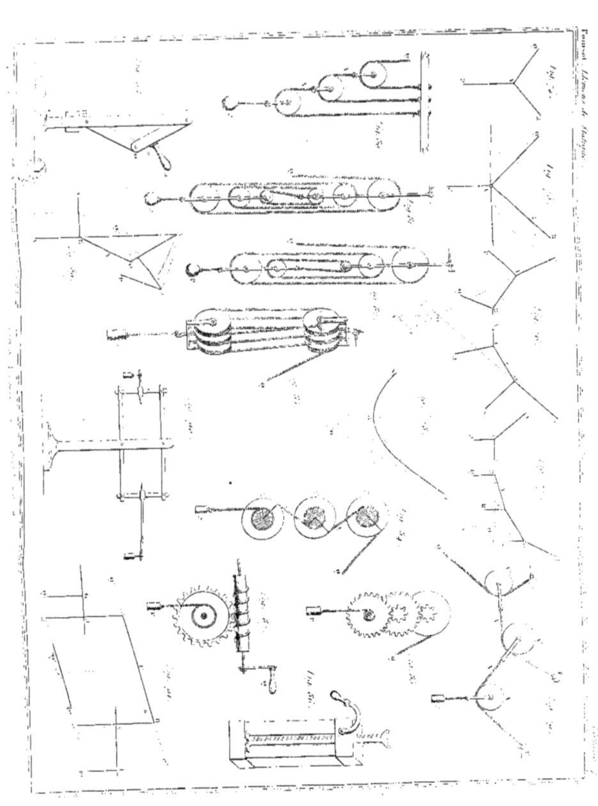

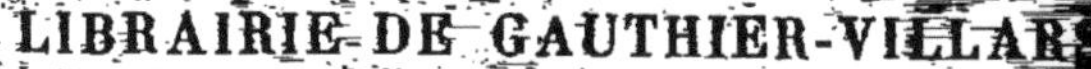

LIBRAIRIE DE GAUTHIER-VILLARS

QUAI DES AUGUSTINS, 55, A PARIS.

POINSOT, Membre de l'Institut. — **Sur la percussion des corps** [illegible] 1857 ....

POINSOT. — **Précession des équinoxes.** In-8; 1857 ....

ROUCHÉ (Eugène) et DE COMBEROUSSE (Charles). — **Éléments de Géo**[illegible] métrie entièrement conformes aux programmes. 2ᵉ édition, revue et cor[illegible] rigée. In-8; 1873........................

Ces nouveaux **Éléments de Géométrie** (qu'il ne faut pas confondre [illegible] *Traité de Géométrie élémentaire* des mêmes Auteurs) sont entièrement [illegible] aux derniers Programmes officiels. Ils renferment toutes les parties de [illegible] trie enseignées successivement dans les établissements d'instruction [illegible] depuis la classe de troisième jusqu'à celle de Mathématiques spécia[illegible] vement, et sont destinés aux élèves appelés à suivre ces différents [illegible]

SERRET (J.-A.), Membre de l'Institut. — **Éléments d'Arithmé**[illegible] l'usage des candidats au Baccalauréat ès Sciences et aux Écoles [illegible] rédigés conformément au *Programme de l'enseignement scien*[illegible] *Lycées.* 5ᵉ édit., revue et augmentée. In-8; 1868. (*L'introduction de* [illegible] *Ouvrage dans les Écoles publiques est autorisée par décision du Mini*[illegible] *de l'Instruction publique et des Cultes en date du 22 août 1859.*) ..

SERRET (Paul), Docteur ès Sciences, Membre de la Société Philomat[illegible] — **Géométrie de direction.** APPLICATION DES COORDONNÉES POL[illegible] *Propriété de dix points de l'ellipsoïde, de neuf points d'une courbe* [illegible] *du quatrième ordre, de huit points d'une cubique gauche.* In-[illegible] figures dans le texte; 1869........................

Dans cet important Ouvrage, l'étude *analytique* des *propriétés* [illegible] courbes et des surfaces du second ordre est fondée sur l'existence, [illegible] quée jusqu'ici, d'une *relation linéaire et homogène* entre les carrés des [illegible] à un plan quelconque, de *n* points pris à volonté sur un ellipsoïde [illegible] courbe gauche du quatrième ordre, sur une cubique gauche ou sur [illegible] Cette relation interprétée et généralisée donne la clef d'un grand [illegible] questions que les géomètres n'avaient point abordées encore, et qui [illegible] sans aucun calcul et d'une manière intuitive.

TARNIER, Inspecteur de l'Instruction primaire à Paris. [illegible] **Géométrie pratique**, conformes au programme de l'ens[illegible] daire spécial (année préparatoire, Sciences), à l'usage des [illegible] et des divers établissements scolaires. In-8, avec figures [illegible] accompagné d'un Atlas in-folio, contenant 1 planche typogr[illegible] 7 belles planches coloriées, gravées sur acier; 1872. Prix du [illegible] avec l'Atlas en feuilles dans une couverture imprimée........

Prix du texte cartonné et de l'Atlas cartonné sur onglets [illegible]

On vend séparément :

Le texte, broché.... 4 fr. 50 c. — Le texte, cartonné........

L'Atlas, en feuilles. 6 fr. 50 c. L'Atlas, cart. sur onglets [illegible]

Les 8 planches collées sur toile, et formant une *grande* [illegible] verme, avec gorge et rouleau ....

Les 8 planches collées séparément sur carton, avec anneau [illegible] sion........................

L'étude de la *Géométrie rationnelle* se poursuit depuis des siècles [illegible] seignement de la *Géométrie pratique* est encore à créer en France. [illegible] que M. Tarnier a appliqué ses efforts et nous pouvons dire que [illegible] [illegible] utile, comble une lacune d'autant plus regrettable que [illegible] dans les pays voisins. L'*éducation de l'œil et de la main* [illegible] dans l'enseignement classique et professionnel la place qu'[illegible] [illegible] une instruction [illegible] [illegible] sociales qui préoccupent vive[illegible]

www.ingramcontent.com/pod-product-compliance
Ingram Content Group UK Ltd.
Pitfield, Milton Keynes, MK11 3LW, UK
UKHW020203250726
13967UKWH00003B/1241

9 782012 884021